盡·芳·菲
身邊的花草樹木圖鑑

趙燕，郭尚敬 主編

FLOWERS
AND TREES IN LIFE

前言

　　隨著生活水準的提高,人們對生存環境也有了新的要求,希望在充分享受高度現代化文明的同時,又能夠擁抱綠色,親近大自然。因此,瞭解身邊的花草樹木成為當今都市生活的時尚追求,滿足人們返璞歸真、回歸自然的心理需求。古人藉花木的自然生態特徵,賦予人格意義,詠物言志,寄託情感,從而帶來心靈的撫慰和精神的愉悅。身邊的植物已深深地融入人類的日常生活和節日習俗中,植物與文化的交融,賦予植物靈魂。

　　科學素養是青少年綜合素養中重要的組成部分,提升青少年科學素養,讓科普真正融入青少年的學習與生活,是自然教育的重要部分。在學習查閱大量圖書過程發現,適合相關專業人士參考的書籍比較多,植物特徵介紹比較詳細全面,但面向大眾,趣味性、故事性較強的植物科普書籍相對較少。出於對植物的愛好和專業的使命感,在系統調查了身邊植物後,精選了近200種常見的花草樹木,編寫了這本適合大眾閱讀的植物科普圖書。

　　為便於讀者查找,採用人為分類法,將書中所列植物分為觀花植物、觀果植物、觀葉植物及地被植物四部分,每部分又按照植物學分類「科」的音序排列。這四部分的劃分,主要按照大部分非專業讀者觀賞習慣,比如,在乍暖還寒的春季,人們最關注的是五顏六色的花,所以,縱使該類植物的果實富有觀賞價值,也把春季開花的植

物劃為觀花植物。搖曳多姿的彩葉給秋季增添了絢爛；寒冷的冬季，瑟瑟北風中的一抹綠，總能喚起人們一絲暖意，因此，將彩葉植物和四季常綠植物劃為觀葉植物。秋季是豐收的季節，形狀各異的果實就成為了最愛，那些果實比較奇特、以觀賞果實為主的植物劃分為觀果植物。鋪設於大面積裸露平地或坡地等覆蓋地面的多年生草本和低矮叢生植物劃為地被植物。

　　為厚植傳統文化，搜集整理了包括植物傳說、與植物有關的詩詞、花語等植物文化，使植物有了靈魂，成為有故事的生物，增強了閱讀趣味性。

　　由於水準所限，疏漏在所難免，敬請讀者批評指正。

編　者

本書使用說明

中文名稱 —— 紫荊

學名 —— *Cercis chinensis* Bge

科屬名稱 —— 豆科紫荊屬

花語 —— 花語 親情、兄弟和睦。

花期、果期 —— 花期 3～4月 / 果期 8～10月

植物文化 —— 三荊歡同株，四鳥悲異林。樂會良自古，悸別豈獨今。——西晉 陸機

植物學特徵 —— 叢生或單生灌木。樹皮和小枝灰白色。單葉互生。花冠紫紅色，簇生於老枝和主幹上，上部幼嫩枝條花較少。莢果。

園林應用 —— 先葉開花，花形似蝶，滿樹嫣紅；葉色濃綠光亮，葉形奇特，是良好的觀花、觀葉樹種。適合栽在庭院、草坪、岩石及建築物前，用於社區的園林綠化，具有較好的觀賞效果。

植物學特徵　植物學特徵

園林應用　園林應用

知識拓展　知識拓展

近似種辨識　近似種辨識

基本知識

植物一般由根、莖、葉、花、果和種子六部分組成，
其中葉、花、果
是植物的三個重要鑑別器官。
為了方便讀者辨識和欣賞植物，
這裡先簡要介紹一些葉、花、果的
基本知識。

Flowers and Trees in Life

葉

葉的組成 葉一般由葉片、葉柄和托葉組成。

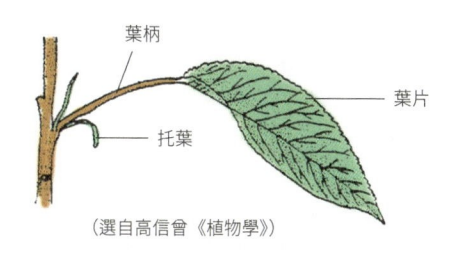

（選自高信曾《植物學》）

葉形 是指葉片的形狀。常見葉形如下：

橢圓形　卵形　心形　圓形

菱形　針形　披針形　匙形　三角形

（選自陸時萬《植物學》）

葉緣 指葉片邊緣的形狀。常見葉緣類型如下：

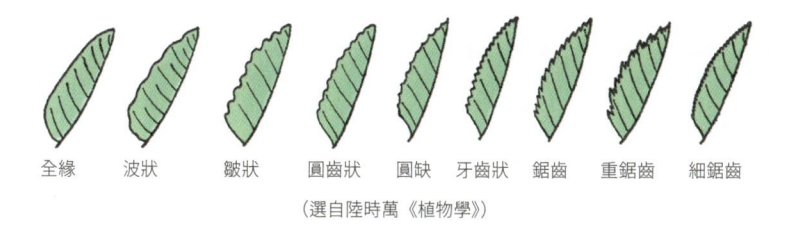

全緣　波狀　皺狀　圓齒狀　圓缺　牙齒狀　鋸齒　重鋸齒　細鋸齒

（選自陸時萬《植物學》）

葉序 指葉片在莖枝上的排列方式。常見葉序類型如下：

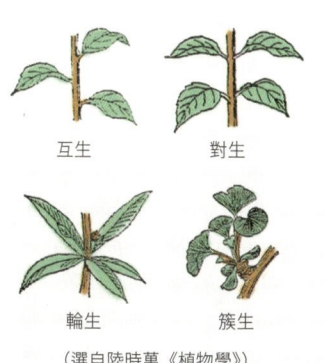

互生　對生　輪生　簇生

（選自陸時萬《植物學》）

複葉 一個葉柄上有兩個或兩個以上葉片的稱複葉。常見複葉類型如下：

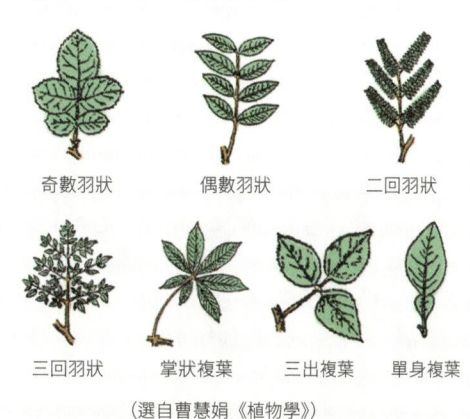

奇數羽狀　偶數羽狀　二回羽狀

三回羽狀　掌狀複葉　三出複葉　單身複葉

（選自曹慧娟《植物學》）

花

花的組成

花一般由花柄、花托、花被（花萼、花冠）、雄蕊群和雌蕊群組成。

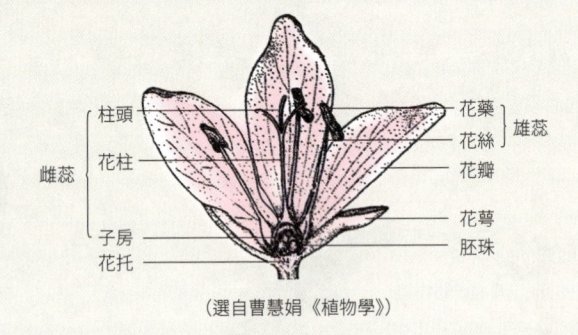

柱頭
花柱　雌蕊
子房
花托

花藥
花絲　雄蕊
花瓣
花萼
胚珠

（選自曹慧娟《植物學》）

花冠 是由一朵花中的若干枚花瓣組成。常見花冠類型如下：

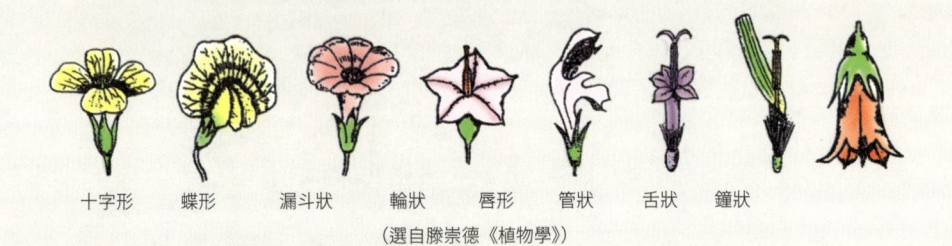

十字形　蝶形　漏斗狀　輪狀　唇形　管狀　舌狀　鐘狀

（選自滕崇德《植物學》）

花序 指花在花軸上的序列或排列。花序上沒有典型的營養葉，只有簡單的小苞片。花序因分枝方式和花朵排列方式不同，可分為無限花序（總狀花序、頭狀花序、傘房花序等）和有限花序（聚傘花序等）。

頭狀花序　傘形花序　傘房花序　輪傘花序　聚傘花序　聚傘圓錐花序

蠍尾狀聚傘花序　柔荑花序　穗狀花序　總狀花序　圓錐花序　肉穗花序

果

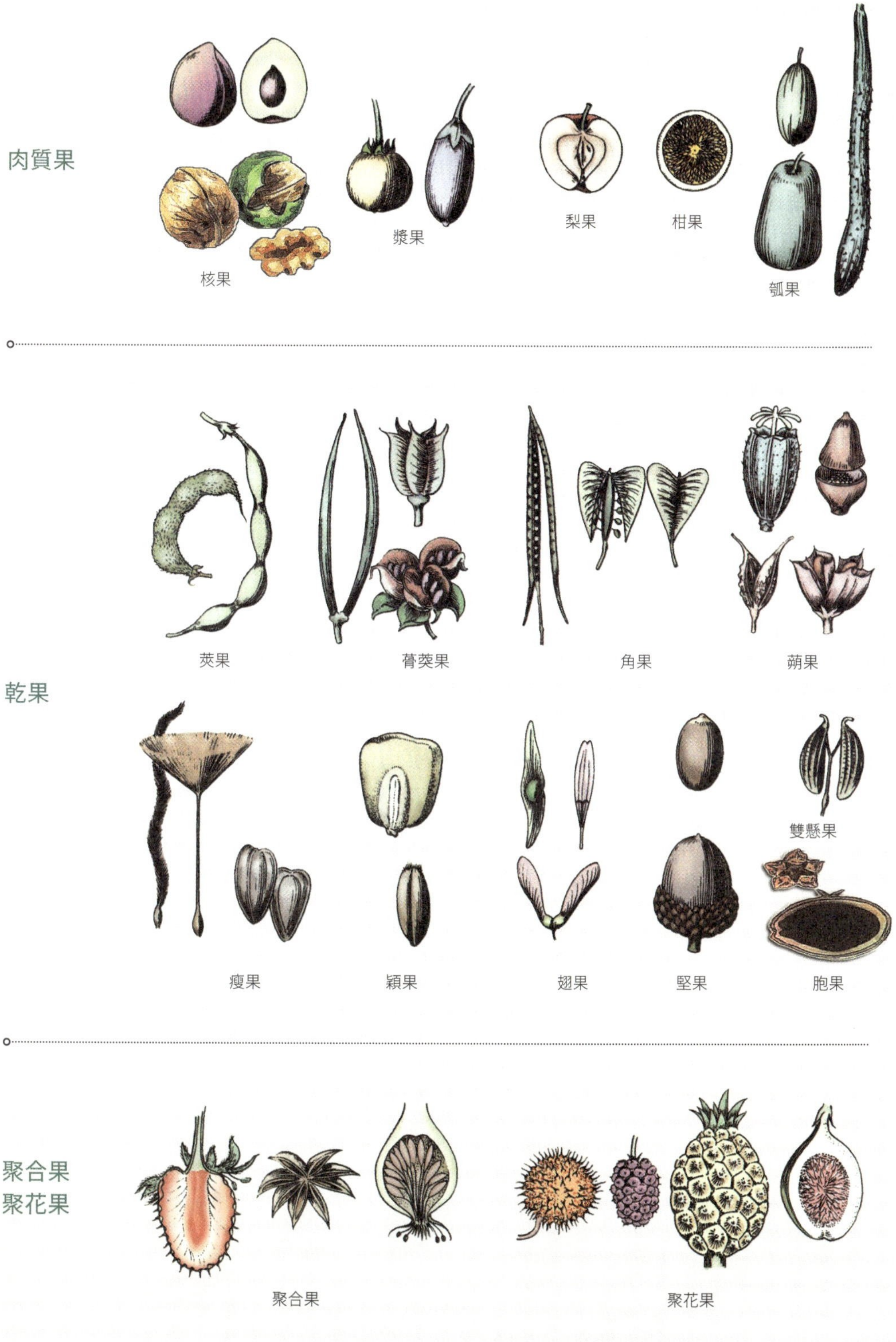

肉質果

核果　漿果　梨果　柑果　瓠果

乾果

莢果　蓇葖果　角果　蒴果

瘦果　穎果　翅果　堅果　雙懸果　胞果

聚合果 聚花果

聚合果　聚花果

盡芳菲
身邊的花草樹木圖鑑

Flowers and Trees
in Life

目錄 Contents

前言
本書使用說明
基本知識

PART 1
觀花植物

鶴望蘭	3
百合	5
歐洲報春花	6
報春花	7
爆仗竹	8
一串紅	9
虎刺梅	10
聊紅槐	11
紫荊	12
紅花刺槐	14
杜鵑	15
西洋杜鵑	17
鶯歌鳳梨	18
彩苞鳳梨	19
白雪公主鳳梨	20
紅星鳳梨	21
鐵蘭	22
繡球	23
香茶藨子	24
三色堇	25
木槿	26
朱槿	27

大麗花	28
大花蕙蘭	29
蝴蝶蘭	30
卡特蘭	32
兜蘭	33
荷花	34
楝	36
米蘭	38
倒掛金鐘	39
荊條	41
芍藥	43
牡丹	44
玉蘭	46
二喬玉蘭	48
紫玉蘭	50
黃玉蘭	51
迎春花	52
連翹	54
紫丁香	56
花葉丁香	57
毛泡桐	58
紫薇	59
貼梗海棠	60
黃刺玫	61
月季	62

薔薇⋯⋯⋯⋯⋯⋯⋯⋯	64
玫瑰⋯⋯⋯⋯⋯⋯⋯⋯	66
麥李⋯⋯⋯⋯⋯⋯⋯⋯	68
日本櫻花⋯⋯⋯⋯⋯⋯	69
碧桃⋯⋯⋯⋯⋯⋯⋯⋯	70
菊花桃⋯⋯⋯⋯⋯⋯⋯	71
照手桃⋯⋯⋯⋯⋯⋯⋯	72
垂絲海棠⋯⋯⋯⋯⋯⋯	73
西府海棠⋯⋯⋯⋯⋯⋯	74
麻葉繡線菊⋯⋯⋯⋯⋯	75
珍珠梅⋯⋯⋯⋯⋯⋯⋯	76
棣棠⋯⋯⋯⋯⋯⋯⋯⋯	77
杜梨⋯⋯⋯⋯⋯⋯⋯⋯	78
梨⋯⋯⋯⋯⋯⋯⋯⋯⋯	79
梅⋯⋯⋯⋯⋯⋯⋯⋯⋯	80
垂枝梅⋯⋯⋯⋯⋯⋯⋯	81
杏⋯⋯⋯⋯⋯⋯⋯⋯⋯	82
榆葉梅⋯⋯⋯⋯⋯⋯⋯	84
西洋接骨木⋯⋯⋯⋯⋯	85
錦帶花⋯⋯⋯⋯⋯⋯⋯	86
山茶⋯⋯⋯⋯⋯⋯⋯⋯	87
朱頂紅⋯⋯⋯⋯⋯⋯⋯	88
鳳尾絲蘭⋯⋯⋯⋯⋯⋯	90
白鶴芋⋯⋯⋯⋯⋯⋯⋯	91
花燭⋯⋯⋯⋯⋯⋯⋯⋯	92
令箭荷花⋯⋯⋯⋯⋯⋯	93
仙人指⋯⋯⋯⋯⋯⋯⋯	94
蒲包花⋯⋯⋯⋯⋯⋯⋯	95

荷包牡丹⋯⋯⋯⋯⋯⋯	96
紫茉莉⋯⋯⋯⋯⋯⋯⋯	97
三角梅⋯⋯⋯⋯⋯⋯⋯	98
楸⋯⋯⋯⋯⋯⋯⋯⋯⋯	99
凌霄⋯⋯⋯⋯⋯⋯⋯⋯	100

PART 2
觀果植物

國槐⋯⋯⋯⋯⋯⋯⋯⋯	103
山皂莢⋯⋯⋯⋯⋯⋯⋯	105
杜仲⋯⋯⋯⋯⋯⋯⋯⋯	106
紅豆杉⋯⋯⋯⋯⋯⋯⋯	108
胡桃⋯⋯⋯⋯⋯⋯⋯⋯	109
蠟梅⋯⋯⋯⋯⋯⋯⋯⋯	110
小葉女貞⋯⋯⋯⋯⋯⋯	111
小蠟⋯⋯⋯⋯⋯⋯⋯⋯	112
雪柳⋯⋯⋯⋯⋯⋯⋯⋯	114
白蠟⋯⋯⋯⋯⋯⋯⋯⋯	116
火棘⋯⋯⋯⋯⋯⋯⋯⋯	117
山楂⋯⋯⋯⋯⋯⋯⋯⋯	118
繅絲花⋯⋯⋯⋯⋯⋯⋯	120
榲桲⋯⋯⋯⋯⋯⋯⋯⋯	121
木瓜⋯⋯⋯⋯⋯⋯⋯⋯	122
王族海棠⋯⋯⋯⋯⋯⋯	123
乳茄⋯⋯⋯⋯⋯⋯⋯⋯	124
桑⋯⋯⋯⋯⋯⋯⋯⋯⋯	125

構樹…………………… 126	大葉黃楊…………………… 156
毛梾…………………… 127	香椿…………………… 157
石榴…………………… 128	臭椿…………………… 158
欒…………………… 130	羅漢松…………………… 160
懸鈴木…………………… 132	非洲茉莉…………………… 161
朴樹…………………… 134	廣玉蘭…………………… 162
枸橘…………………… 135	鵝掌楸…………………… 164
朱砂根…………………… 136	發財樹…………………… 165
梓…………………… 137	女貞…………………… 166
	桂花…………………… 167
	七葉樹…………………… 168

PART 3
觀葉植物

	火炬樹…………………… 170
	清香木…………………… 171
	黃櫨…………………… 172
側柏…………………… 141	美國紅楓…………………… 174
灑金柏…………………… 142	五角楓…………………… 175
圓柏…………………… 143	雞爪槭…………………… 176
龍柏…………………… 144	石楠…………………… 177
烏桕…………………… 145	紫葉矮櫻…………………… 178
變葉木…………………… 146	紫葉李…………………… 179
一品紅…………………… 147	美人梅…………………… 180
龍爪槐…………………… 148	橡皮樹…………………… 181
蝴蝶槐…………………… 150	水杉…………………… 182
黃金槐…………………… 151	腎蕨…………………… 183
紫藤…………………… 152	柿…………………… 184
合歡…………………… 153	雪松…………………… 185
海桐…………………… 154	金錢松…………………… 186
錦熟黃楊…………………… 155	白皮松…………………… 187

五彩千年木	189	金魚草	219
金心也門鐵	190	寶蓋草	220
文竹	191	夏至草	221
春羽	192	紅花酢漿草	222
小天使鵝掌芋	193	紫葉酢漿草	223
龜背竹	194	紫花地丁	224
巢蕨	195	芙蓉葵	225
膠東衛矛	197	狹葉費菜	227
梧桐	198	蒲公英	228
八角金盤	199	百日菊	229
鵝掌柴	200	美人蕉	230
常春藤	201	千屈菜	231
紫葉小檗	202	蛇莓	232
垂柳	203	平枝栒子	233
銀杏	204	金銀花	234
金葉榆	206	二月蘭	236
孔雀竹芋	207	羽衣甘藍	237
蘋果竹芋	208	香石竹	238
幸福樹	209	石竹	239
棕櫚	210	婆婆納	240
袖珍椰子	211		
美麗針葵	212	拉丁名 索引	243
蒲葵	213		
魚尾葵	214		

PART 4
地被植物

玉簪	217
鬱金香	218

PART 1
觀花植物

盡芳菲
身邊的花草樹木圖鑑

Flowers and Trees
in Life

鶴望蘭

Strelitzia reginae Aiton
芭蕉科鶴望蘭屬

> 花語 無論何時何地，永遠不要忘記你愛的人在等你。飛向天堂的鳥，能把各種情感、思念帶到天堂。

花期 6～7月 / 果期 7～10月

植物學特徵 多年生草本，無莖。葉片長圓狀披針形。花數朵生於約與葉柄等長或略短的總花梗上，下托一佛焰苞；佛焰苞舟狀，邊紫紅，萼片披針形，橙黃色，箭頭狀花瓣基部具耳狀裂片，和萼片近等長，暗藍色；雄蕊與花瓣等長。

園林應用 葉大姿美，四季常青，花形奇特，成型植株一次能開花數十朵，是一種著名的大型盆栽觀賞花卉。適合作大房間擺設。在南方暖地可叢植於庭院一角或點綴於花壇中心。花為高級切花材料，瓶插保鮮期可達 2～3 週。

知識拓展

傳說落櫻是伊甸園的守護仙女，生活在天堂無憂無慮。也許是整天守在伊甸園厭倦了，於是她沒有經過大天使的同意就來到了人間，當時人間還不完整。她喜歡上一個凡人，後來被大天使發現，被帶回了天堂，鎖進天牢。她日思夜想著愛人，想化成一隻鳥，飛出天牢，飛到凡間心愛的人身邊。她日夜祈禱，終於在一個滿月之夜變成了一隻鳥飛了出去，可她心愛的人卻因思念她而逝去了。她停在心愛人的墳前，落在花間，不住地鳴叫，不停地哭泣，日久天長，便化成了一朵花，翹首向前看著，那麼專注地看著，好像是在看著她心愛的人。

百合

Lilium brownii var. *viridulum* Baker
百合科百合屬

花語　純潔、威嚴、潔白、自尊心。

花期 6～7月 / 果期 7～10月

> 接葉有多種，開花無異色。
> 含露或低垂，從風時偃抑。
> ——南北朝　蕭詧

植物學特徵　多年生草本球根植物。鱗莖球形，淡白色，先端常開放如蓮座狀，由多數肉質肥厚、卵匙形的鱗片聚合而成。莖直立，圓柱形。花大，多白色，漏斗形，單生於莖頂。蒴果長卵圓形，具鈍稜。

園林應用　在城市廣場、休閒綠地，將百合成片點綴於草地邊緣或組成花境，顯得別緻優雅，寧靜和諧。在居住區與庭院綠化中，選擇坡地、臺階、角隅或山石小品，構築成為具有陡坡的結構，栽植懸垂植物從高處垂下，下植百合，可形成具有古典意境的庭院小景。百合花姿雅致，葉片青翠娟秀，莖稈亭亭玉立，還是名貴的切花新秀。

歐洲報春花

Primula vulgaris
報春花科報春花屬

花語　初戀、希望、不悔。適合送給朋友、戀人、情人。

花期　播種後 3～4 個月

植物學特徵　多年生草本，常作一二年生栽培。叢生，葉基生，長橢圓形，葉脈深凹。傘狀花序，有單瓣或重瓣花型，花色鮮豔，有大紅、粉紅、紫、藍、黃、橙、白等色，一般喉部多為黃色。

園林應用　原產歐洲，中國有引種栽培。喜溫涼、濕潤的環境，不耐高溫和強光直射，也不耐嚴寒。喜排水良好、富含腐殖質的土壤。花色豔麗，花期長，適用於室內佈置色塊或早春花壇。

報春花

Primula malacoides Franch
報春花科報春花屬

花語　青春的快樂和悲傷，不悔。

花期 2～5月 / 果期 3～6月

> 嫩黃老碧已多時，駭紫痴紅略萬枝。
> 始有報春三兩朵，春深猶自不曾知。
> ——南宋　楊萬里

植物學特徵　二年生草本。葉多數簇生，葉片卵形、橢圓形或矩圓形，邊緣具圓齒狀淺裂。傘形花序，花萼鐘狀，花冠粉紅色、淡藍紫色或近白色。蒴果球形。

園林應用　報春花為春季開花較早的草本植物，適合在城市公園、遊園、城市廣場、街頭綠地等處作早春花壇佈置，寓意萬物復甦、欣欣向榮的場面。報春花作為三大舉世聞名的高山野生花卉之一，用在花境中，更能體現花境對自然野趣的模擬與再現，也可與其他草本花卉配植成花叢、花群等。

爆仗竹

Russelia equisetiformis
車前科爆仗竹屬

花語　好日子紅紅火火。

花期 3～5 月

植物學特徵　多年生常綠草本植物。小葉對生或輪生，除個別的葉片呈卵圓形外，大部分葉子都退化成小鱗片。圓錐狀聚傘花序，花萼淡綠色，花冠長筒形，紅色。

園林應用　鮮紅色花朵盛開於纖細的枝條上，看上去就像一個個點火即燃的爆竹，給予人喜慶熱烈之感。可製作盆栽裝飾陽臺、庭院、室內，也可吊盆栽植，懸掛於廊下、窗前等處觀賞。

知識拓展　爆竹花，一串串的橙紅色花朵，就像鞭炮一樣，而且橙紅的顏色，就像火焰一樣，所以又叫炮仗花。由於爆竹花的花期在春季，正好是中國的新春佳節，在這個特殊的日子裡，繁盛的花朵給美好的節日帶來了更多的喜慶氣氛。

一串紅

Salvia splendens Ker-Gawler
唇形科鼠尾草屬

花語　一串紅代表戀愛的心，適合送給朋友、家人、情人；一串白代表精力充沛；一串紫代表智慧。

花期 7～10 月　/　果期 8～10 月

> 長春如稚女，飄搖倚輕颸。
> 卵酒暈玉頰，紅綃卷生衣。
> ——宋　蘇軾

植物學特徵　亞灌木狀草本。葉卵圓形或三角狀卵圓形，邊緣具鋸齒。小花 2～6 朵輪生，組成頂生總狀花序，苞片卵圓形，紅色，在花開前包裹著花蕾，先端尾狀漸尖；花萼鐘形，與花冠同色。

園林應用　一串紅常用紅花品種，秋高氣爽之際，花朵繁密，色彩豔麗。常用作花叢花壇的主體材料。也可植於帶狀花壇或自然式配植於林緣，常與淺黃色美人蕉、矮萬壽菊、翠菊、矮藿香薊等配合佈置。一串紅矮生品種更宜用於花壇，白花品種與紅花品種配合栽植觀賞效果較好。

虎刺梅

Euphorbia milii var. *splendens*
大戟科大戟屬

花語　倔強而堅貞，溫柔而忠誠，勇猛而不失儒雅。

花期 6～7 月　/　果期 7～10 月

植物學特徵　蔓生灌木植物。莖多分枝，具縱稜，密生硬而尖的錐狀刺，常呈 3～5 列排列於稜脊上，呈旋轉狀。葉互生，通常集中於嫩枝上，倒卵形或長圓狀匙形，先端圓，具小尖頭，基部漸狹，全緣。花序 2、4 或 8 個組成二歧狀複花序，生於枝上部葉腋；苞葉 2 枚，腎圓形，上面鮮紅色，下面淡紅色，緊貼花序；總苞鐘狀，邊緣 5 裂。蒴果三稜狀卵形。

園林應用　栽培容易，花期長，紅色苞片，鮮豔奪目，是深受歡迎的盆栽植物。由於幼莖柔軟，常用來綁紮孔雀等造型，成為旅館、商場等公共場所擺設的佳品。在中國南北方均有栽培，常見於公園、植物園和庭院中。

聊紅槐

Sophora japonica "LiaoHong"
豆科槐屬

花期 7～8月

植物學特徵 花冠旗瓣為淺粉紅色，沿中軸中下部有 2 條黃色斑塊，翼瓣與龍骨瓣紫色，沿中軸中下部呈淺黃白色。花期約 50 天，較國槐原種早開花 7 天左右。

園林應用 常用於廊道綠化、公園與風景點綠化、居住區綠化、寺廟綠化、工業園綠化、鹽鹼地及乾旱地綠化改造。

紫荊

Cercis chinensis Bge
豆科紫荊屬

花語　親情、兄弟和睦。

花期 3～4 月　/　果期 8～10 月

> 三荊歡同株，四鳥悲異林。
> 樂會良自古，悼別豈獨今。
> ——西晉　陸機

植物學特徵　叢生或單生灌木。樹皮和小枝灰白色。單葉互生。花冠紫紅色，簇生於老枝和主幹上，上部幼嫩枝條花較少。莢果。

園林應用　先葉開花，花形似蝶，滿樹嫣紅；葉色濃綠光亮，葉形奇特，是良好的觀花、觀葉樹種。適合栽在庭院、草坪、岩石及建築物前，用於社區的園林綠化，具有較好的觀賞效果。

知識拓展

香港區花為洋紫荊 (*Bauhinia blakeana* Dunn)，屬豆科羊蹄甲屬，別名紅花紫荊、香港櫻花、香港紫荊花。在 1965 年首次被選定為香港的市花。1997 年 7 月 1 日，香港主權移交中國而成立香港特別行政區，洋紫荊被用於特區區徽。常綠喬木，深秋開花，花大而豔，花期 11 月至翌年 3 月。

[傳說] 傳說南朝時，京兆尹田眞與兄弟田慶、田廣三人分家，當別的財產都已分置安當時，最後才發現院子裡還有一株枝葉扶疏、花團錦簇的紫荊樹不好處理。當晚，兄弟三人商量將這株紫荊樹截為三段，每人分一段。第二天清早，兄弟三人前去砍樹時發現，這棵樹枝葉已全部枯萎，花朵也全部凋落。田眞見此狀不禁對兩個兄弟感嘆道：「人不如木也。」後來，兄弟三人又把家合起來，並和睦相處。紫荊樹好像頗通人性，也隨之又恢複了生機，且長得花繁葉茂。

紅花刺槐

Robinia pseudoacacia f. *decaisneana* (Carr.) Voss
豆科刺槐屬

花語　隱祕的愛，隱居的美人。

花期 4～5月　/　果期 9～10月

植物學特徵

落葉喬木，為刺槐的變型。幹皮深縱裂，枝具托葉刺。羽狀複葉互生，葉片卵形或長圓形，先端圓或微凹，具芒尖，基部圓形。花兩性，總狀花序下垂，花冠粉紅色，芳香。果條狀長圓形，腹縫有窄翅。

園林應用

樹冠圓滿，葉色鮮綠，花朵大而鮮豔，濃香四溢，素雅而芳香，在園林綠地中廣泛應用，可作為行道樹、庭蔭樹。適應性強，對二氧化硫、氯氣、光化學煙霧等的抗性都較強，可作為防護林樹種。

近似種辨識

紅花刺槐	江南槐
新梢無毛。生長快速，樹形高聳，是高大喬木	新枝上有密集紅褐色剛毛。原本是叢生大灌木，經嫁接在刺槐上，雖成喬木狀，但生長速度明顯不及紅花刺槐

盡芳菲

杜鵑

Rhododendron simsii Planch.
杜鵑花科杜鵑花屬

花語　永遠屬於你，節制欲望。

花期 4〜5 月 / 果期 6〜8 月

> 當時只道鶴林仙，能遣秋光放杜鵑。
> ——宋　蘇軾

植物學特徵　葉革質，常集生枝端，卵形，先端短漸尖，基部楔形或寬楔形，邊緣微捲。花 2〜6 朵簇生枝頂；花冠闊漏斗形，玫瑰色、鮮紅色或暗紅色，花萼宿存。蒴果卵球形，密被糙伏毛。

園林應用　杜鵑花是室內擺花的好材料。可做盆景栽培，也適合成片種植，園林中常設杜鵑專類園。

知識拓展

傳說，杜鵑花是由蜀國的皇帝杜宇變化而成。當時，蜀國是一個和平、富饒的國家，但這種無憂無慮的生活導致人們懶惰成性，只顧享樂，無心農作，甚至連該播種了都不知道。

蜀國當時的皇帝叫杜宇，他勤政愛民，非常有責任心。他看到這種情況，非常憂心。為了不耽誤農種，每年春播時節，他都會四處奔走，催促人們播種。可是漸漸地，人們就養成了一個習慣，就是杜宇不來，就不會播種。

後來，杜宇積勞成疾而死，可是他在死後還是對自己的百姓難以忘懷，於是他的靈魂化成一隻小鳥，每年春天四處飛翔並發出「布穀、布穀」的啼叫聲，直到嘴裡流出鮮血。鮮血灑在漫山遍野，化成美麗的花朵。

人們感念勤勉的君王，就向杜宇學習，變得勤勉又負責。他們把那隻小鳥叫作杜鵑鳥，而那如血般鮮紅的花朵就叫作杜鵑花。

西洋杜鵑

Rhododendron hybrida Ker Gawl.
杜鵑花科杜鵑屬

花語　永遠屬於你，代表著愛的喜悅。

花期　全年多次開花

植物學特徵　常綠灌木。根系木質纖細。植株低矮，枝幹緊密。葉互生，紙質，厚實，葉片集生於枝端，表面有淡黃色伏貼毛，背面淡綠色。頂生總狀花序，簇生花色豔麗多樣。蒴果。

園林應用　花色較多，且十分豔麗，因此在庭院、巷道、園林綠化項目中較為常見。其中，貴州省「百里西洋杜鵑」風景區是著名的遊覽勝地。此外，西洋杜鵑也多作盆栽，還可製作各種風格的樹樁盆景，顯得古樸雅致，更具風情。

鶯歌鳳梨

Vriesea carinata
鳳梨科麗穗鳳梨屬

花語　保持完美，可透過贈送此花表達對一個人的讚美與欽佩。

花期　冬春

植物學特徵　常綠多年生草本植物，附生性小型鳳梨。葉簇生，線形，薄肉質，葉面平滑富有光澤。葉色鮮綠，葉叢中央抽出花梗。複穗狀花序有多個分枝，苞片扁平疊生，狀如鶯歌鳥冠，豔紅色。花小，黃色。觀賞期長達1個月左右。

園林應用　花莖筆直細長，苞片鮮豔，紅黃兩色華麗奪目，玲瓏可愛，並能很好地淨化室內空氣，常佈置於書桌、茶几、花架上，也是高檔插花材料，深受人們歡迎。

彩苞鳳梨

Vriesea poelmanii
鳳梨科麗穗鳳梨屬

花語 完美無缺。

花期 冬春

植物學特徵 多年生常綠草本，中型種。葉叢緊密抱成漏斗狀，葉較薄，亮綠色，具光澤，葉緣光滑無刺。花莖從葉叢中心抽出，複穗狀花序，具多個分枝；苞葉鮮紅色，小花黃色。

園林應用 彩苞鳳梨為觀苞片的觀賞植物，亭亭玉立的花穗十分豔麗，花很小，在苞片中間，苞片鮮紅，開黃色小花，花苞可保持3個月，觀賞價值高。盆栽適合裝飾佈置家庭、旅館和辦公樓。

白雪公主鳳梨

Guzmania "EI Cope"
鳳梨科星花鳳梨屬

花語　吉祥、高貴、如意。

花期　冬春

植物學特徵　多年生草本植物。葉為鐮刀狀，上半部向下傾斜，以 5～8 片排列成管形的蓮座狀葉叢，基生，硬革質。苞片較長，帶狀，尖端白色；花小，黃色。

園林應用　觀賞性很強的觀花觀葉植物，尤其於室內養護，作為家庭園藝觀賞時品位很高。喜歡半遮陰和通風良好的環境，不要讓它受陽光直射。為防止葉片乾枯，日常護理時，應用清水噴灑葉面保濕，最好是每週噴施葉面肥一次，既能為葉片提供營養、增加葉面光澤，冬季還能達到抵抗低溫的目的。

紅星鳳梨

Guzmania × *magnifica*
鳳梨科果子蔓屬

花語 完美，古樸高貴。

花期 冬春

植物學特徵　葉蓮座狀基生，硬革質，帶狀外曲；葉色有的具深綠色的橫紋，有的葉褐色具綠色的水花紋樣，也有的綠葉具深綠色斑點等。特別臨近花期，中心部分葉片變成光亮的深紅色、粉色，或全葉深紅，或僅前端紅色。葉緣具細銳齒，葉端有刺。花多為天藍色或淡紫紅色。葉穗狀花序短粗，苞片鮮紅色，長寬披針形。

園林應用　葉片翠綠光亮，深紅色管狀苞片，色彩豔麗持久，觀賞期長。紅星鳳梨一般做盆栽點綴窗臺、陽臺和客廳，此外還可裝飾小庭院和入口處，常作為大型插花和花展的裝飾材料。

鐵蘭

Tillandsia cyanea Linden ex K. Koch
鳳梨科鐵蘭屬

花語 堅強、完美。

花期 冬春

植物學特徵 體型矮小。葉片是拱狀的細窄線形，先端尖、全緣，群簇疊生於短縮莖上。植株長大後，由葉叢中抽穗開花，花莖直出或略斜立，但無分枝，短穗狀花序大；小花深紫紅色，喇叭狀，卵形花瓣 3 片，形狀似蝴蝶。

園林應用 作為盆栽放置在室內具有很高的裝飾價值。可以擺放在陽臺、窗臺和書桌上，也可以作為陪襯性的材料懸掛在客廳裡，或者可以將其作為插花藝術品，這些都可以充分展現鐵蘭美麗的形態，為家裡增添一道風景線。

繡球

Hydrangea macrophylla (Thunb.) Ser.
虎耳草科繡球屬

花語　在英國，此花被喻為無情、殘忍。在中國，此花被喻為希望、健康、有耐力的愛情、驕傲、美滿、團圓。

花期 6～8月

> 月桂閒裝紅欲滴，繡球圓簇白如霜。
> 我無豔眼相酬答，付與庭花自在黃。
> ——宋　錢時

植物學特徵　莖常於基部發出多束放射枝而形成一圓形灌叢，枝圓柱形。葉紙質或近革質，倒卵形或闊橢圓形。傘房狀聚傘花序近球形，花密集，粉紅色、淡藍色或白色，花瓣長圓形。蒴果，長陀螺狀。

園林應用　花大，色美，是長江流域著名觀賞植物。園林中可配置於稀疏的樹蔭下及林蔭道旁，片植於陰向山坡。因對陽光要求不高，故適合栽植於陽光較差的小面積庭院中。建築物入口處對植兩株、沿建築物列植一排、叢植於庭院一角，都很理想。更適合在花籬、花境中應用。

香茶藨子

Ribes odoratum Wendl.
虎耳草科茶藨子屬

花期 5 月 / 果期 7～8 月

植物學特徵

落葉灌木。小枝圓柱形，灰褐色，具短柔毛。葉圓狀腎形至倒卵圓形，掌狀 3～5 深裂，幼時兩面均具短柔毛，成長時柔毛漸脫落，至老時近無毛。花兩性，芳香，總狀花序常下垂，花萼黃色，花瓣近匙形或近寬倒卵形，先端圓鈍而淺缺刻狀，淺紅色，無毛，花柱柱頭綠色。果實球形或寬橢圓形，熟時黑色，無毛。

園林應用

花色鮮豔，開花時一片金黃，香氣四溢，是良好的園林觀賞花木品種。適合叢植於草坪、林緣、坡地、角隅、岩石旁，也可作花籬栽植。

近似種辨識

香茶藨子	東北茶藨子	刺果茶藨子
花黃色，芳香	總狀花序，花黃色	單生或總狀花序，花淺褐色至紅褐色
枝條無刺	枝條無刺	枝條有刺
果黑色，無刺	果紅色，無刺	果暗紅色，有刺

三色堇

Viola tricolor L.
堇菜科堇菜屬

> 花語　白日夢、思慕、沉思、快樂和請思念我，適合送給朋友或喜歡的人。

花期 4～7月 / 果期 5～8月

植物學特徵　二年或多年生草本植物。地上莖較粗，直立或稍傾斜，有稜。基生葉長卵形或披針形，具長柄；莖生葉卵形或長圓狀披針形，托葉大型，葉狀，羽狀深裂。花大，通常每花有紫、白、黃三色。

園林應用　在庭院佈置中常地栽於花壇上，可作毛氈花壇、花叢花壇，成片、成線、成圓鑲邊栽植都很相宜。還適合佈置花境、草坪邊緣；不同品種與其他花卉配合栽種能形成獨特的早春景觀；另外也可盆栽佈置陽臺、窗臺、臺階，點綴居室、書房、客堂也頗具新意，饒有雅趣。

木槿

Hibiscus syriacus Linn.
錦葵科木槿屬

花語　堅韌，永恆美麗，象徵著歷盡磨難而矢志彌堅的性格。

花期 7～10 月 / 果期 8～9 月

> 惆悵牽牛病雨些，凋零木槿怯風斜。
> 道邊籬落聊遮眼，白白紅紅區豆花。
> ——南宋　楊萬里

植物學特徵　落葉灌木。小枝密被黃色星狀茸毛。葉菱形至三角狀卵形，具深淺不同的 3 裂或不裂，具有明顯的三條主脈，邊緣具不整齊齒缺。花單生於枝端葉腋間，花萼鐘形，花鐘形，色彩有純白、淡粉紅、淡紫、紫紅等，花形呈鐘狀，有單瓣、複瓣、重瓣幾種，花瓣倒卵形。蒴果卵圓形，密被黃色星狀茸毛。種子腎形，成熟種子黑褐色，背部被黃白色長柔毛。

園林應用　木槿是夏、秋季的重要觀花灌木，南方多作花籬、綠籬；北方作為庭院點綴及室內盆栽。對二氧化硫與氯化物等有害氣體具有很強的抗性，同時還具有很強的滯塵功能，是有汙染工廠的主要綠化樹種。

朱槿

Hibiscus rosa-sinensis
錦葵科木槿屬

花語　纖細美、體貼之美、永保清新之美。新鮮的戀情，微妙的美。

花期 全年，7～10月最盛

> 瘴煙長暖無霜雪，槿豔繁花滿樹紅。
> 每嘆芳菲四時厭，不知開落有春風。
> ——唐　李紳

植物學特徵　常綠大灌木或小喬木。葉互生，闊卵形至狹卵形，具3主脈，葉緣有粗鋸齒或缺刻，形似桑葉。花大，有下垂或直上之柄，單生於上部葉腋間，有單瓣、重瓣之分，單瓣者漏斗形，重瓣者非漏斗形，呈紅、黃、粉、白等色。

園林應用　在古代就是一種受歡迎的觀賞性植物，花大色豔，四季常開，主要用於園林觀賞。盆栽朱槿適用於客廳和入口處擺設。

知識拓展　朱槿為廣西南寧市市花，12瓣花瓣喻意廣西12個少數民族團結在一起。

馬來西亞稱呼朱槿為「班加拉亞」，意為「大紅花」，把朱槿當作馬來民族熱情和爽朗的象徵，比喻烈火般熱愛祖國的激情。據說土著女郎把朱槿花插在左耳上方表示「我希望有愛人」，插在右耳上方表示「我已經有愛人了」。

大麗花

Dahlia pinnata Cav.
菊科大麗花屬

花語　大吉大利。

花期 6～12 月　/　果期 9～10 月

植物學特徵　多年生草本，有巨大棒狀塊根。莖直立，多分枝。葉一至三回羽狀全裂。頭狀花序大，有長花序梗，常下垂；舌狀花 1 層，白色、紅色或紫色，常卵形，頂端有不明顯的 3 齒或全緣。瘦果長圓形，黑色。

園林應用　大麗花是世界名花之一，植株粗壯，葉片肥滿，花姿多變，花色豔麗，花壇、花境或庭前叢栽皆可，矮生品種盆栽可用於室內及會場佈置。高稈品種可用作切花。花朵亦是花籃、花圈、花束的理想材料。

知識拓展　大麗花是墨西哥的國花，美國西雅圖的市花；中國吉林省的省花，河北張家口市、甘肅武威市和內蒙古赤峰市的市花。

大花蕙蘭

Cymbidium canaliculatum
蘭科蘭屬

花語 高貴雍容，豐盛祥和。

花期 12月至翌年3月

> 船頭昨夜雨如絲，沃我盆中蘭蕙枝。
> 繁蕊爭開修禊日，遊人正是到家時。
> ——明　吳嘉紀

植物學特徵
多年生常綠草本植物。根系發達，圓柱狀，肉質，粗壯肥大。假鱗莖粗壯，合軸性；假鱗莖有節，節上有隱芽。葉叢生，葉片帶狀，革質。花序較長，花被片花瓣狀；花大型，花色有紅、黃、翠綠、白、複色等色。果實為蒴果。

園林應用
具有較高的觀賞價值，有豔麗的花朵、修長的劍葉，花型整齊且質地堅挺，經久不凋，是人們喜愛的觀賞植物。植株和花朵分為大型和中小型，有黃、白、綠、紅、粉紅及複色等多種顏色，色彩鮮豔、異彩紛呈。

蝴蝶蘭

Phalaenopsis amabilis
蘭科蝴蝶蘭屬

花語　象徵幸福、長久、豐盛之意。

花期 4～6月

植物學特徵　莖很短，常被葉鞘所包。葉片稍肉質，常3～4枚或更多，橢圓形、長圓形或鐮刀狀長圓形。花序側生於莖的基部，花序柄綠色，常具數朵由基部向頂端逐朵開放的花；花苞片卵狀三角形，纖細，常見顏色有粉紅、紫紅、橘紅、紅、白、紫藍等，並有斑紋、線條變化。蝴蝶蘭因花朵姿態神似蝴蝶翩翩飛舞而得名，花朵數多而花期長，所以也有「蘭花之后」的美譽。

園林應用　花朵豔麗嬌俏，顏色豐富明快，賞花期長，花朵數多，能吸收室內有害氣體，既能淨化空氣又可觀賞，擺放在客廳、飯廳和書房；在春節、新年等節日可用於饋贈，或擺在較為正式的場合。

知識拓展

各種花色的蝴蝶蘭也有不同的含義

白蝴蝶蘭：愛情純潔，友誼珍貴；
紅心蝴蝶蘭：紅運當頭，永結同心；
紫蝴蝶蘭：仕途順暢，幸福美滿；
條點蝴蝶蘭：事事順心，心想事成；
黃蝴蝶蘭：事業發達，生意興隆；
迷你蝴蝶蘭：快樂天使，風華正茂。

卡特蘭

Cattleya hybrida
蘭科卡特蘭屬

花語 顏色時而熱情，時而奔放，妖嬈中帶著對感情的真摯祝福，經常在男性對女性表達愛意的場合中出現。

花期 一年四季都有開花的種類

植物學特徵　卡特蘭栽培上有單葉和雙葉之分，前者假鱗莖上只有 1 片葉子，葉和花較大，通常每個花梗開花 1～3 朵；後者每個假鱗莖上有 2 片或 2 片以上葉子，葉和花較小，花數量較多。假鱗呈棍棒狀或圓柱狀，具 1～3 片革質厚葉，是儲存水分和養分的組織。花單朵或數朵，著生於假鱗莖頂端，花大而美麗，色澤鮮豔而豐富。

園林應用　卡特蘭是觀賞蘭花種類之一，素有「洋蘭之王」等美稱。根據花朵顏色分為單色花和複色花兩大類，也可根據花型的大小分成大、中、小、微型四大類。常做成盆栽花卉，可置於窗臺、案頭、書桌等處觀賞，亦可作為切花，同樣是珍貴的年宵花卉，具有較高的商業價值。

知識拓展　據資料記載，在 1818 年，卡特蘭從巴西傳到英國，那時的英國人用卡特蘭的莖作為捆紮材料。後來，英國園藝學家威廉·卡特里將卡特蘭的莖栽培起來，並於 1824 年開花。當植物學家林德雷看到了卡特蘭的美麗花朵後，認為這是蘭科植物的新種，於是用卡特蘭的名字命名了這朵美麗的花。

兜蘭

Paphio pedilum
蘭科兜蘭屬

花語 美人，勤儉節約。

花期 一年四季均有開花的種類

植物學特徵 多年生草本。莖甚短。葉片帶形或長圓狀披針形，綠色或帶有紅褐色斑紋。花十分奇特，唇瓣呈口袋形；背萼極發達，有各種豔麗的花紋；兩片側萼合生在一起；花瓣較厚，花壽命長，有的可開放6周以上。

園林應用 多數為地生種，雜交品種較多，是栽培最普及的洋蘭之一。適於盆栽放置在室內觀賞。

荷花

Nelumbo nucifera
蓮科蓮屬

花語 清白、堅貞、純潔、信仰、忠貞和愛情。

花期 6～9月 / 果期 9～10月

> 畢竟西湖六月中，風光不與四時同。
> 接天蓮葉無窮碧，映日荷花別樣紅。
> ——南宋　楊萬里

植物學特徵　宿根挺水型水生花卉。具橫走肥大地下莖（藕），藕與葉柄、花梗均具許多大小不一的孔道，且具黏液狀的木質纖維（藕絲）。藕有節，節上生有不定根，並抽葉開花。葉大，圓形，全緣，具輻射狀葉脈。花單生，兩性，單瓣或複瓣，有深紅、粉紅、白、淡綠等色及間色。花謝後花托膨大（蓮蓬），果實（蓮子）初青綠色，熟時深藍色。

園林應用　在山水園林中作為主題水景植物，用荷花佈置水景在中國園林中極為普遍。常作荷花專類園，中國荷花專類園有三種：一是像武漢東湖磨山的園林植物園，園中開闢一處以觀賞、研究荷花為主的大型水生花卉區；二是像南京莫愁湖、杭州新「曲院風荷」這類以荷花欣賞為主的大型公園；三是以野趣為主、旅遊結合生產的荷花民俗旅遊資源景區，如廣東三水的荷花世界、湖南岳陽的團湖風景區。

知識拓展

自北宋周敦頤寫了「出淤泥而不染，濯清漣而不妖」的名句後，荷花便成為「君子之花」。據史書記載，遠在2 500多年前，吳王夫差曾在太湖之濱的靈岩山離宮（今江蘇吳縣）為寵妃西施欣賞荷花，特地修築「玩花池」，移種野生紅蓮。這是人工砌池栽荷的最早實錄，至今南北各地的蓮塘也非常多。湖南就是中國最大的荷花生產基地。每逢仲夏，採蓮的男女泛著一葉輕舟，穿梭於荷叢之中，那種「亂入池中看不見，聞歌始覺有人來」的情景多麼美妙。至於旅遊賞荷的去處就更多了，諸如濟南大明湖、杭州西湖、肇慶七星岩等地均可看到連片荷花的芳容。

楝

Melia azedarach
楝科楝屬

花期 4～5 月 / 果期 10～12 月

> 綠樹菲菲紫白香，猶堪纏黍予沉湘。
> 江南四月無風信，青草前頭蝶思狂。
> ——宋 張蘊

植物學特徵 又名苦楝、川楝、金鈴子等。落葉喬木。葉為二至三回奇數羽狀複葉，小葉對生。圓錐花序約與葉等長，花芳香，花瓣淡紫色，雄蕊管紫色。核果，球形至橢圓形。

園林應用 樹形優美，葉形秀麗，宜作庭蔭樹及行道樹。該樹能耐煙塵及抗二氧化硫、氟化氫等有毒有害氣體，是良好的城市及工礦區綠化樹種；還是殺蟲能手，可防治 12 種嚴重的農業害蟲，被稱為無汙染的植物殺蟲劑。宜在草坪孤植或叢植，也可配植於池邊、路旁、坡地。

知識拓展

相傳，明太祖朱元璋還未登基為天子時，落難躲在苦楝樹下休息，熟透了的苦楝果子一顆顆不斷掉落下來，剛巧打到這位未來天子的頭上，朱元璋被打痛了，生氣地對苦楝樹罵道：「你這壞心的樹，會爛心死過年。」後來朱元璋逆襲，當上了皇帝，想起了那棵欺負過他的苦楝樹，派人前去查看，果然主幹已空心，應驗了當年的爛心罵。而後世人對它更是貶抑，因為它名字的諧音成了「苦苓」，與閩南語的「可憐」又是同音。人們認為苦楝全身都是味辛苦澀，唯恐被它拖累也成「苦味一族」，都想避之則吉，因此許多人家的宅院不但不種植苦楝，甚至除之而後快。

米蘭

Aglaia odorata
楝科米蘭屬

花語　隱約之美，有愛，生命就會開花。象徵勇敢與激情。

花期 夏秋

植物學特徵　常綠灌木或小喬木。分枝多而密，嫩枝常被星狀鏽色鱗片。奇數羽狀複葉，互生，小葉 3～5 枚，倒卵形至長橢圓形。圓錐花序腋生，花黃色，形似小米，芳香。漿果，卵形或近球形。

園林應用　樹姿秀麗，枝葉茂密，花清雅芳香，是頗受歡迎的花木，宜做成盆栽佈置客廳、書房、門廊及陽臺等。暖地也可在公園、庭院中栽植。花可藥用。

倒掛金鐘

Fuchsia hybrid
柳葉菜科倒掛金鐘屬

花語 相信愛情、熱烈的心

花期 4～10月 / 果期 11月

植物學特徵　半灌木。莖直立，多分枝，被短柔毛與腺毛。葉對生，卵形或狹卵形，托葉狹卵形至鑽形，早落。花兩性，單生葉腋，下垂；花梗纖細，淡綠色或帶紅色；花管紅色，筒狀，上部較大，連同花梗疏被短柔毛與腺毛；萼片4片，紅色；花瓣色多變，紫紅色、紅色、粉紅、白色，排成覆瓦狀；花絲紅色，花藥紫紅色，花粉粉紅色。果紫紅色，倒卵狀長圓形。

園林應用　花形奇特，極為雅致。盆栽用於裝飾陽臺、窗臺、書房等，也可吊掛於防盜網、廊架等處觀賞。

知識拓展

傳說有個小精靈想找事情做，女神赫拉就讓她去看管赫拉和宙斯的黃金蘋果樹。黃金蘋果樹本來是怪獸拉盾看管的，現在由小精靈來接管。

小精靈只要敲響蘋果樹旁的鈴鐺，拉盾就會來幫助小精靈趕走偷黃金蘋果的壞蛋。有一次，小精靈在練習敲鈴鐺，拉盾來了，小精靈說：「拉盾，對不起，我是在練習。」

又有一次，拉盾又飛過來了，小精靈說：「對不起，拉盾，我還是在練習。」最後一次，有兩個壞蛋來偷黃金蘋果，小精靈冒著生命危險，敲了兩下鈴鐺，拉盾以為小精靈在練習就沒有來。兩個壞蛋把小精靈打倒在地，小精靈快死了，眼淚滴在地下，蘋果樹旁的鈴鐺自動響起來，拉盾匆匆趕來，把壞蛋趕跑了。

小精靈用自己的生命保護了黃金蘋果樹。為了紀念小精靈，赫拉就把小精靈變成了倒掛金鐘，這就是倒掛金鐘的由來。

荊條

Vitex negundo var. *heterophylla*
馬鞭草科杜荊屬

花期 6～8月 / 果期 9～10月

植物學特徵 落葉灌木或小喬木。樹皮灰褐色，幼枝方形有四稜，老枝圓柱形，灰白色，被柔毛。掌狀複葉對生或輪生，葉緣呈大鋸齒狀或羽狀深裂。花冠紫色或淡紫色，萼片宿存形成果苞。核果球形，黑褐色，外被宿萼。

園林應用 觀花賞葉，可用於與山石造景，其叢生的習性也常作護坡植物使用。由於荊條抗性比較強，常被應用於退耕還林還草的生態建設工程。

知識拓展

《詩經》中提到荊的地方有五次之多,那時稱為「楚」,是當作柴草使用,如《唐風·綢繆》記有:「綢繆束楚,三星在戶。今夕何夕,見此粲者?子兮子兮,如此粲者何!」大意是:「荊條緊緊捆,三星在門前。今夜是何夜?和美人相見。你呀你呀,我可把這美人怎麼辦!」但荊條大多數情況不是這麼浪漫有趣,而是「負荊請罪」、「荊釵布裙」。「負荊請罪」家喻戶曉,說的是老將廉頗背負刑具「荊條」,誠心向丞相藺相如請罪的故事,出自《史記·廉頗藺相如列傳》:「廉頗聞之,肉袒負荊,因賓客至藺相如門謝罪。」

芍藥

Paeonia lactiflora Pall.
毛茛科芍藥屬

花語 象徵友誼、愛情。

花期 4～5月 / 果期 9月

> 浩態狂香昔未逢，
> 紅燈爍爍綠盤龍。
> 覺來獨對情驚恐，
> 身在仙宮第幾重。
> ——唐 韓愈

植物學特徵 草本。莖由根部簇生。葉為二回三出羽狀複葉，葉先端長而尖，全緣微波，葉緣密生白色骨質細齒，葉面有黃綠色、綠色和深綠色等，葉背多粉綠色，有毛或無毛。花一般單獨著生於莖的頂端或近頂端葉腋處。蓇葖果。

園林應用 芍藥屬於十大名花之一，可作專類園、切花、花壇用花等，花大色豔，觀賞性佳，和牡丹搭配可在視覺效果上延長花期。

牡丹

Paeonia × *suffruticosa*
毛茛科芍藥屬

花期 5 月 / 果期 6 月

> 庭前芍藥妖無格，池上芙蕖淨少情。
> 唯有牡丹真國色，花開時節動京城。
> ——唐 劉禹錫

植物學特徵 多年生落葉灌木。二回三出複葉。花單生枝頂，苞片 5 片，長橢圓形；萼片 5 片，綠色，寬卵形，花瓣 5 瓣或為重瓣，玫瑰色、紅紫色、粉紅色至白色，通常變異很大。

園林應用 牡丹可盆栽，擺放於園林主要景點中供觀賞、展覽，也可置於室內或陽臺裝飾觀賞，還可作切花。還可用於佈置花境或專類園。

知識拓展

牡丹色、姿、香、韻俱佳，花大色豔，花姿綽約，韻壓群芳。栽培牡丹有牡丹系、紫斑牡丹系、黃牡丹系等品系，通常分為墨紫色、白色、黃色、粉色、紅色、紫色、雪青色、綠色這八大色系，按照花期又分為早花、中花、晚花類，依花的結構分為單花、臺閣兩類，又有單瓣、重瓣、千葉之異。牡丹栽培和研究愈來愈興旺，品種也越來越豐富，中國產有五百餘種，著名品種有姚黃、魏紫、趙粉、二喬、梨花雪、金輪黃、冰凌罩紅石、瑤池春、掌花案、首案紅、葛巾紫、藍田玉、烏龍臥墨池、豆綠等。

牡丹花被擁戴為花中之王，相關的文化和繪畫作品很豐富。中國菏澤、洛陽均以牡丹為市花，菏澤曹州牡丹園、百花園、古今園及洛陽王城公園、牡丹公園和植物園，每年於4月15～25日舉行牡丹花會。蘭州、北京、西安、南京、蘇州、杭州等地均有牡丹景觀。此外，牡丹的形象還被廣泛用於傳統藝術，如刺繡、繪畫、印花、雕刻中。

玉蘭

Yulania denudata
木蘭科玉蘭屬

花語　純潔的愛、真摯、高貴出塵。

花期 2～3月　/　果期 8～9月

> 玉蘭萬朵牡丹開，先摘姚黃獻御杯。
> 翠幕重重圍繞定，料應蜂蝶不曾來。
> ——宋　王仲修

植物學特徵　落葉喬木。樹皮深灰色，粗糙開裂。花先於葉開放，芳香，白色。聚合果圓柱形（在庭院栽培中常因部分心皮不育而彎曲）。

園林應用　先花後葉，花潔白、美麗且清香。古時常在住宅的廳前院後配植，名為「玉蘭堂」，亦可在庭院路邊、草坪角隅、亭臺前後等處種植，孤植、對植、叢植或群植均可。

知識拓展

玉蘭是木蘭科，故又有「木筆」之別稱。作為早春觀花落葉喬木，玉蘭從樹姿到花形皆美，其結蕾於冬，不葉而放花於春，盛花若雪濤落玉，瑩潔清香，蔚為奇觀，深受中國人民的喜愛。玉蘭在中國栽培的歷史已長達2500年之久。據南朝梁任昉的《述異記》記載「木蘭洲在潯陽江中，多木蘭樹。昔吳王闔閭植木蘭於此，用構宮殿也。七里洲中，有魯般刻木蘭為舟，舟至今在洲。詩家云：『木蘭舟，出於此。』」

二喬玉蘭

Yulania × soulangeana
木蘭科玉蘭屬

花語　芳香情思，雋朗儀態。

花期 2～3月　/　果期 9～10月

> 並肩酒罩生冰頰，比貌羅衣繫紫腰。
> 遊客無心問青史，香風成陣盡魂銷。
> ——當代　吳金水

植物學特徵　落葉小喬木。葉片互生，葉紙質，倒卵形。花蕾卵圓形，花先於葉開放，淺紅色至深紅色，花被片 6～9 片，外輪 3 片花被片常較短，約為內輪長的三分之二。聚合果熟時黑色，具白色皮孔。種子深褐色，寬倒卵形或倒卵圓形，側扁。

園林應用　二喬玉蘭系玉蘭和紫玉蘭的雜交種。二喬玉蘭是早春色、香俱全的觀花樹種，花大色豔，觀賞價值很高，是城市綠化極好的花木品種，廣泛用於公園、綠地和庭院等孤植觀賞，也可用於排水良好的沿路及沿江河生態景觀建設。

> **知識拓展**
>
> 二喬玉蘭，因其花形奇特豔麗，被人以三國時期東吳的兩位美女「大喬、小喬」相譽其美。這兩株二喬玉蘭花開之時，外紫內白，極為罕見，故而有詩讚曰：「三春一絕京城景，白石階旁紫玉蘭。」

紫玉蘭

Yulania liliiflora
木蘭科玉蘭屬

花期 3～4月 / 果期 8～9月

> 火樹燒春明躑躅，紫羅囊筆綴辛夷。
> 花枝照眼蒙清潤，帶雨遊山亦自奇。
> ——宋　朱翌

植物學特徵　落葉灌木。樹皮灰褐色，小枝綠紫色或淡褐紫色。葉橢圓狀倒卵形或倒卵形，托葉痕約為葉柄長之半。花蕾卵圓形，被淡黃色絹毛；花葉同時開放，瓶形，直立於粗壯、被毛的花梗上，稍有香氣；花被片9～12片，外輪3片萼片狀，紫綠色，披針形，常早落，內兩輪肉質，外面紫色或紫紅色，內面帶白色，花瓣狀，雄蕊紫紅色；雌蕊群淡紫色。聚合果深紫褐色，圓柱形；成熟蓇葖近圓球形，頂端具短喙。

園林應用　早春開花時，滿樹紫紅色花朵，幽姿淑態，別具風情，適用於古典園林中廳前院後配植，也可孤植或散植於小庭院內。紫玉蘭還可以作為玉蘭、白蘭等木蘭科植物的嫁接砧木。

黃玉蘭

Michelia champaca L.
木蘭科含笑屬

花期 6～7月 / 果期 9～10月

植物學特徵 落葉小灌木。樹冠橢圓形，主樹幹直立，分枝向上斜生。葉子倒卵形，綠色，葉緣呈波形。花單生直立，花蕾期為黃綠色，較偏綠，盛開時花瓣基部淺黃綠色或近白色，略黃色，極芳香。

園林應用 花供觀賞、聞香及作為婦人頭飾，亦可提取香料，用來作香水；其木材年輪明顯，保存期長，可作為建築、家具材料。

知識拓展 黃玉蘭是一種非常珍貴的觀賞植物，花極為罕見。它是由北美的漸尖木蘭與白玉蘭雜交獲得。其明黃的花色遺傳自漸尖木蘭，而先花後葉的特性遺傳自白玉蘭。黃玉蘭普遍香氣濃郁，春末開花。

迎春花

Jasminum nudiflorum Lindl.
木樨科迎春花屬

花語　相愛到永遠，象徵頑強的生命力。

花期 2～4 月

> 覆闌纖弱綠條長，帶雪沖寒折嫩黃。
> 迎得春來非自足，百花千卉共芬芳。
> ——宋　韓琦

植物學特徵　落葉灌木植物。直立或匍匐，枝條下垂，枝梢扭曲，光滑無毛，小枝四稜形。葉對生，三出複葉，小枝基部常具單葉。花單生在去年生的枝條上，先於葉開放，有清香，金黃色，外染紅暈。

園林應用　枝條披垂，冬末至早春先花後葉，花色金黃，葉叢翠綠。在園林綠化中宜在湖邊、溪畔、橋頭、牆隅配植，或在草坪、林緣、坡地、房屋周圍栽植，可供早春觀花。迎春花的綠化效果突出，體現速度快，栽植當年即有良好的綠化效果，在各地都有廣泛使用。

知識拓展 迎春花與梅花、水仙和山茶花統稱為「雪中四友」，是中國常見的花卉之一。迎春花不僅花色端莊秀麗，氣質非凡，還具有不畏寒威、不擇風土、適應性強的特點，歷來為人們所喜愛。

連翹

Forsythia suspense
木樨科連翹屬

花期 3～4月 / 果期 7～9月

> 千步連翹不染塵，降香懶畫娥眉春。
> ——《詩經》

植物學特徵　落葉灌木。枝開展或下垂，小枝略呈四稜形，疏生皮孔，節間中空，節部具實心髓。葉通常為單葉，或 3 裂至三出複葉，葉片卵形。花先於葉開放，花冠黃色。

園林應用　樹姿優美、生長旺盛。早春花先於葉開放，盛開時滿枝金黃，令人賞心悅目，是早春優良觀花灌木。在綠化美化城市方面應用廣泛，是觀光農業和現代園林難得的優良樹種。連翹萌發力強，樹冠蓋度增加較快，能有效防止雨滴擊濺地面，減少侵蝕，具有良好的水土保持作用，是退耕還林優良生態樹種和黃土高原防治水土流失的最佳經濟作物。

知識拓展

相傳，五千年前岐伯在河南岐伯山上採藥、種藥，他有個孫女叫連翹，一日岐伯和連翹採藥時，岐伯自品自驗一種藥物，不幸中毒，口吐白沫，不省人事，連翹慌忙中順手捋了一把身邊的綠葉，在手裡揉碎後塞進爺爺的嘴裡。稍過片刻，岐伯慢慢甦醒過來。此後，他經過多次試驗，發現這綠葉有較好的清熱解毒作用，便把這綠葉記入他的中藥名錄，以孫女代名，取名為「連翹」，又在他居住的大臣溝裡栽種了許多連翹，故事流傳至今。

紫丁香

Syringa oblata Lindl
木樨科丁香屬

花語　純真無邪，憂愁思念。

花期 4～5月　/　果期 6～10月

> 青鳥不傳雲外信，丁香空結雨中愁。
> 回首綠波三楚暮，接天流。
> ——五代　李璟

植物學特徵　灌木或小喬木。葉片革質或厚紙質，卵圓形至腎形。圓錐花序直立，花冠紫色。果卵形或長橢圓形。

園林應用　園林中常叢植於建築前、茶室涼亭周圍，開花時清香入室，沁人肺腑。與其他種類丁香配植成專類園，形成美麗、清雅、芳香、青枝綠葉、花開不絕的景區，效果極佳；也可用於盆栽、促成栽培、切花等。

花葉丁香

Syringa × persica L.
木樨科丁香屬

花期 4～5 月

植物學特徵

小灌木，具皮孔。葉大部分或全部羽狀深裂。花序由側芽抽生，通常多對排列在枝條上部呈頂生圓錐花序狀，花芳香，花冠淡紫色，花冠管近圓柱形，花冠裂片呈直角開展。

園林應用

花朵繁多，色彩鮮豔，盛花期更是經久不衰。花芳香，可提芳香油，又為庭院觀賞樹種。可用於公園、庭院綠化，宜孤植、片植。

近似種辨識

花葉丁香	紫丁香
葉大部或全部羽狀深裂	嫩葉簇生，後對生，卵形、倒卵形或披針形
花淡紫色，有香氣	花淡紫色、紫紅色或藍色
花期 4～5 月	花期 5～6 月

毛泡桐

Paulownia tomentosa
泡桐科泡桐屬

花語　期待你的愛，永恆的守候。

花期 4～5月 / 果期 8～9月

> 春色來時物喜初，春光歸日興闌餘。
> 更無人餞春行色，猶有桐花管領渠。
> ——宋　楊萬里

植物學特徵　落葉喬木。單葉，對生，葉大，卵形，全緣或有淺裂，具長柄，柄上有茸毛。花大，淡紫色或白色，頂生圓錐花序；花冠鐘形或漏斗形，先花後葉。蒴果卵形或橢圓形，熟後背縫開裂。

園林應用　毛泡桐是中國的特產樹種，具有很強的速生性，是平原綠化、營建農田防護林、四旁植樹和林糧間作的重要樹種。

紫薇

Lagerstroemia indica L.
千屈菜科紫薇屬

花期 6～9月 / 果期 9～12月

> 似痴如醉弱還佳，露壓風欺分外斜。
> 誰道花無紅百日，紫薇長放半年花。
> ——宋 楊萬里

植物學特徵　落葉灌木或小喬木。樹皮平滑，灰色或灰褐色，枝幹多扭曲。葉互生或有時對生。花瓣6瓣，花玫紅、大紅、深粉紅、淡紅色或紫色、白色，常組成頂生圓錐花序，雄蕊多數。蒴果，成熟時或乾燥時呈紫黑色，室背開裂。

園林應用　色彩豐富，花期長，具有極高的觀賞價值，並且具有易栽植、易管理的特點。紫薇可以吸收二氧化硫、氯氣和氟化氫等有害氣體，同時具有降塵的作用，開花時花朵揮發出的油還具有消毒功能，不僅具有豐富夏秋少花季節、美化環境的作用，更起到生態環保的作用。

貼梗海棠

Chaenomeles speciosa (Sweet) Nakai
薔薇科木瓜屬

花期 3～5月 / 果期 9～10月

植物學特徵　又名皺皮木瓜。落葉灌木。枝條直立開展，有刺。葉片卵形至橢圓形，邊緣具有尖銳鋸齒，托葉腎形或半圓形，邊緣有尖銳重鋸齒。花先葉開放，猩紅色，果實球形或卵球形，黃色或帶黃綠色，味芳香。

園林應用　春季觀花夏秋賞果，淡雅俏秀，多姿多彩。可製作多種造型的盆景，被稱為盆景中的「十八學士」之一，可置於廳堂、花臺、門廊角隅、休閒場地，與建築合理搭配，使庭院勝景倍添風采，被點綴得更加幽雅清秀。

近似種辨識

貼梗海棠	日本貼梗海棠
枝條上無毛，有刺	枝開展有刺，小枝粗糙，小的樹上有茸毛，枝條是紫紅色的，二年生枝有疣狀突起，黑褐色
葉片橢圓形，先端尖，基部楔形，表面無毛有光澤，背面無毛或脈上稍有毛	葉片廣卵形至倒卵形或匙形，先端鈍或短急尖，兩面無毛
花色有硃紅、粉紅或白色的	花色只有硃紅色
果卵球形至球形，黃綠色	果接近球形，黃色

黃刺玫

Rosa xanthina Lindl.
薔薇科薔薇屬

花語　希望與你泛起激情的愛。

花期 5～6月　/　果期 7～8月

> 和煙和露一叢花，擔入宮城許史家。
> 惆悵東風無處說，不教閒地著春華。
> ——唐　吳融

植物學特徵　落葉灌木。小枝褐色或褐紅色，具刺。奇數羽狀複葉，小葉常 7～13 枚。花黃色，單瓣或重瓣，無苞片。果球形，紅黃色。

園林應用　株形清秀，春天盛開一朵朵金黃色的花，鮮豔奪目，與綠葉相襯，顯得格外燦爛醒目，花期較長，是中國北方園林中重要的春季觀花灌木。適合叢植於草坪、路邊、林緣及建築物前，亦可列植作為花籬，庭院觀賞，是北方春末夏初的重要觀賞花木。

月季

Rosa chinensis Jacq.
薔薇科薔薇屬

花語　幸福快樂的心情、美麗動人的光榮以及熱烈美好的愛情。

花期 4～9 月　/　果期 6～11 月

> 牡丹最貴惟春晚，芍藥雖繁只夏初。
> 唯有此花開不厭，一年長占四時春。
> ——宋 蘇軾

植物學特徵　常綠、半常綠低矮灌木。小枝粗壯，圓柱形，有短粗的鉤狀皮刺。小葉 3～5 枚，稀 7 枚，邊緣有銳鋸齒。花數朵集生，稀單生，花瓣重瓣至半重瓣，紅、粉紅、白等多種顏色。果卵球形或梨形。

園林應用　四季開花，花色繁多，一般為紅色或粉色、偶有白色和黃色，花期長，觀賞價值高，價格低廉，受到各地園林的喜愛。可用於園林佈置花壇、花境、庭院的花材，可製作月季盆景，作切花、花籃、花束等。月季還是吸收有害氣體的能手，能吸收硫化氫、氟化氫、苯、苯酚等有害氣體，同時對二氧化硫、二氧化氮等有較強的抵抗能力。

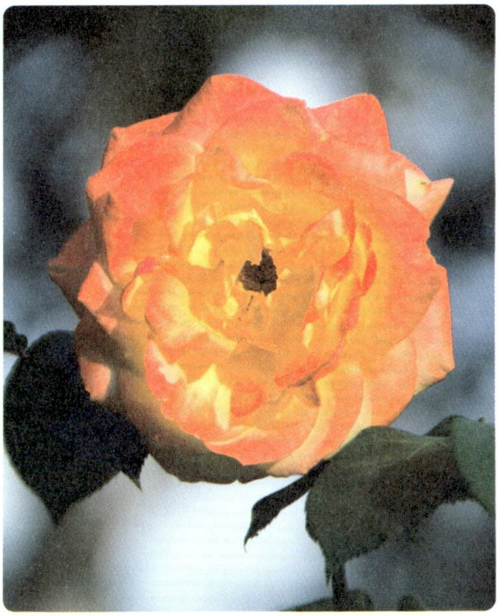
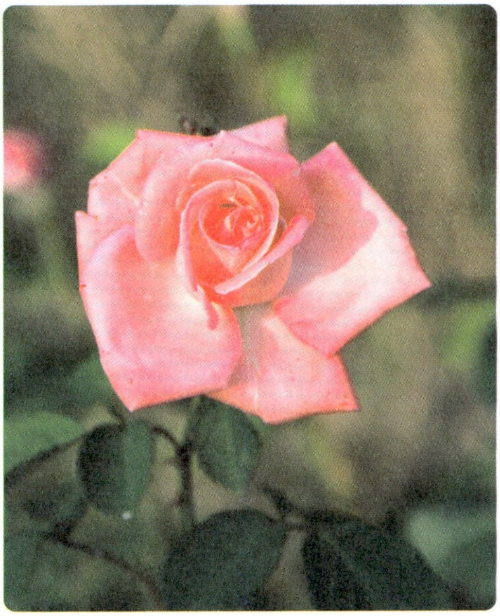
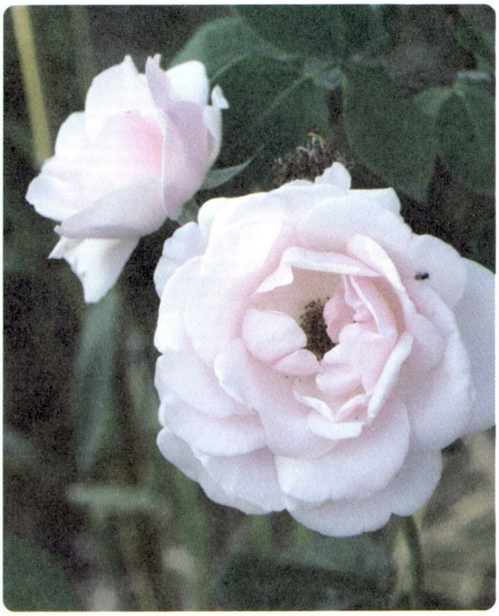
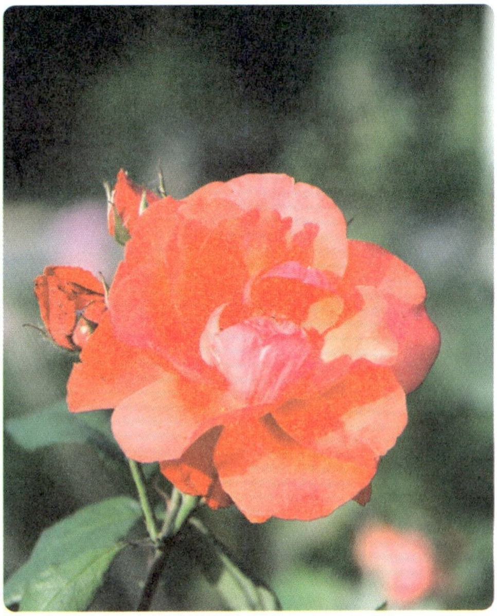

薔薇

Rosa sp.
薔薇科薔薇屬

花期 5～6月 / 果期 7～8月

> 百丈薔薇枝，繚繞成洞房。
> 密葉翠帷重，穠花紅錦張。
> ——明 顧璘

植物學特徵　小枝通常有大小不等的皮刺並混生刺毛。小葉革質。花單生，有重瓣及半重瓣。果近球形或梨形，亮紅色。

園林應用　色澤鮮豔，氣味芳香，是香色並具的觀賞花。枝幹呈半攀緣狀，可依架攀附成各種形態，宜於花架、花格、轅門、花牆等處佈置，夏日花繁葉茂，確有「密葉翠帷重，穠花紅錦張」的景色，亦可修剪成小灌木狀，培育成盆花。有些品種可作切花。

知識拓展

明朝王象晉在《群芳譜》中，把薔薇屬植物，分為薔薇、玫瑰、刺蘼、月季、木香 5 類。王象晉又在薔薇中列舉約 20 種不同的類型。他說：「（薔薇）開時連春接夏，清馥可人，結屏甚佳。別有野薔薇，號野客、雪白、粉紅，香更郁烈。……它如寶相、金缽盂、佛見笑、七姊妹、十姊妹，體態相類，種法亦同。」根據這些記錄，可知在 400 年前，中國的薔薇品種已相當豐富。其中薔薇、月季、玫瑰現在被稱為中國薔薇三姐妹。

1985 年《中國植物誌》第三十七卷問世，更清楚地描述了薔薇的形態，俞德浚教授將它定名為野薔薇。不能說中國古代的薔薇就是野薔薇，可野薔薇（*R. multiflora*）這個種肯定在當時「薔薇」指定範圍之內。

玫瑰

Rosa rugosa Thunb.
薔薇科薔薇屬

> **花語** 紅玫瑰代表熱情真愛，黃玫瑰代表珍重祝福，紫玫瑰代表浪漫珍貴，白玫瑰代表純潔天真，黑玫瑰代表溫柔真心，橘玫瑰代表友情和青春，藍玫瑰代表敦厚善良。

花期 5～6月 / 果期 8～9月

> 非關月季姓名同，不與薔薇譜諜通。
> 接葉連枝千萬綠，一花兩色淺深紅。
> ——宋　楊萬里

植物學特徵　直立灌木。小枝密被茸毛，並有針刺和腺毛，皮刺外被茸毛。小葉 5～9 枚，橢圓形或橢圓狀倒卵形，邊緣有尖銳鋸齒。花單生於葉腋，或數朵簇生；花梗密被茸毛和腺毛；花瓣倒卵形，重瓣至半重瓣，芳香，紫紅色至白色。果扁球形，磚紅色，肉質，平滑，萼片宿存。

園林應用　玫瑰色豔花香，喜光，耐寒，耐旱，耐輕鹼土，不耐積水，適應性強，最適合作花籬、花境、花壇及坡地栽植。

知識拓展

西方把玫瑰花當作嚴守祕密的象徵，做客時看到主人家桌子上方畫有玫瑰，就明白在這桌上所談的一切均不可外傳，於是有了 Sub rosa（在玫瑰花底下）這個拉丁成語。英語 under the rose 則是源自德語 unter der rosen，古代德國宴會廳、會議室以及飯店餐廳的天花板上常畫有或刻有玫瑰花，用來提醒與會者守口如瓶，嚴守祕密，不要把玫瑰花下的言行透露出去。羅馬神話中的荷魯斯（Horus）撞見愛的女神維納斯偷情的事，維納斯的兒子丘比特為了幫母親保住名節，於是給了荷魯斯一朵玫瑰，請他守口如瓶，荷魯斯收了玫瑰於是緘默不語，成為「沉默之神」，這就是 under the rose 的由來。

麥李

Cerasus glandulosa (Thunb.) Lois.
薔薇科櫻屬

花期 3～4月 / 果期 5～8月

植物學特徵

灌木。小枝灰棕色或棕褐色。葉片長圓披針形或橢圓披針形。花單生或兩朵簇生,花葉同開或近同開,花瓣白色或粉紅色,倒卵形。核果紅色或紫紅色,近球形。

園林應用

麥李甚為美觀,各地庭院常見栽培觀賞。適合於草坪、路邊、假山旁及林緣叢植,也可基礎栽植、盆栽或作切花材料。春天葉前開花,滿樹燦爛,甚為美麗,秋季葉變紅,是很好的庭院觀賞樹。

近似種辨識

麥李	郁李
株型瘦小,葉節間近	株型粗大,葉節間稀
葉片長圓披針形或橢圓披針形,基部楔形,最寬處在中部,邊有細鈍重鋸齒,側脈4～5對	葉片卵形或卵狀披針形,基部圓形,中部以下最寬,邊有缺刻狀尖銳重鋸齒,側脈5～8對
萼筒鐘狀,萼片三角狀橢圓形,先端急尖	萼筒陀螺狀,萼片橢圓形,先端圓鈍

日本櫻花

Cerasus yedoensis (Matsum.) Yu et Li
薔薇科櫻屬

花語　愛情與希望的象徵，代表著高雅、質樸純潔的愛情。

花期 3月底至4月初

> 櫻花落盡階前月，象床愁倚薰籠。
> 遠似去年今日，恨還同。
> ——晚唐五代　李煜

植物學特徵　喬木。小枝淡紫褐色，無毛。葉片橢圓卵形或倒卵形，葉緣有尖銳重鋸齒，齒端漸尖，葉柄有腺體。花先葉開放，花瓣為重瓣，初為粉紅色，後轉白色，花序傘形總狀。

園林應用　在日本栽培廣泛，也是中國引種最多的種類，花期早，在開花時滿樹燦爛，但是花期很短，僅保持1週左右就凋謝，適合種植於庭院、公園、草坪、湖邊或居住社區等處，也可以列植或和其他花灌木合理配植於道路兩旁，或片植作專類園。

碧桃

Amygdalus persica L. var. *persica* f. *duplex* Rehd.
薔薇科桃屬

花語　消恨之意，愛情俘虜。

花期 3～4 月　/　果期 8～9 月

> 碧桃天上栽和露，不是凡花數。
> ——宋　秦觀

植物學特徵　小喬木。單葉互生，橢圓狀或披針形，先端漸尖，基部寬楔形，葉邊具細鋸齒；花單生或兩朵生於葉腋，花梗極短或幾乎無梗，花有單瓣、半重瓣和重瓣，花有白、粉紅、紅和紅白相間等色。春季花先葉或與葉同時開放。核果廣卵圓形，有些品種只開花而不結果實。

園林應用　花大色豔，開花時美麗漂亮，花期 15 天之久。在園林綠化中被廣泛應用於湖濱、溪流、道路兩側和公園等，綠化效果突出，栽植當年即有特別好的效果體現。可列植、片植、孤植，碧桃是園林綠化中常用的彩色苗木之一，和紫葉李、紫葉矮櫻等苗木通常一起使用。

菊花桃

Amygdalus persica L. "Juhuatao"
薔薇科桃屬

花期 3～4月

植物學特徵　又名菊花碧桃。落葉灌木或小喬木。樹幹灰褐色，小枝細綠色，向陽處轉變成紅色，具大量小皮孔。葉橢圓狀披針形。花生於葉腋，粉紅色或紅色，重瓣，花瓣較細，盛開時猶如菊花，花梗極短或幾乎無梗；萼筒鐘形，被短柔毛，花藥緋紅色；花先於葉開放或花、葉同放。花後一般不結果。

園林應用　株形秀麗，花形比較有特色，花朵開放時鮮豔誘人，是人們在庭院種植以及步行道兩側種植的理想觀賞性樹木。也可以當作盆栽花卉進行栽培。

照手桃

Amygdalus persica "Terutemomo"
薔薇科桃屬

花期 4～5月 / 果期 8～9月

植物學特徵　落葉小喬木。樹形窄塔形或窄圓錐形，枝條直上，分枝角度小。花重瓣，色彩鮮豔，花期多為 4 月中旬，性成熟期 2～3 年，盛花期 5～20 年。

園林應用　樹冠圓柱形，枝葉非常濃密，花型似碧桃。展葉前開花，可作公園、社區小路行道樹、庭院觀花樹，也可作為綠牆種植，觀賞價值非常高。

知識拓展　「照手」在日文中指「掃帚」外形。照手桃最早起源於日本江戶時代，因樹形好似掃帚，也被稱為「帚桃」。1695 年日本著名園藝專著《花壇地錦抄》上有對帚桃最早的記載。臺灣出版的《楊氏園藝植物大名典》上也曾經有過塔形桃的記載。日本從 1980 年代開始利用古老的帚桃為親本培育出照手紅、照手白、照手桃和照手姬四個品種。後兩者同為粉色系，但在花色深淺和著花密度上有所區別。

垂絲海棠

Malus halliana Koehne
薔薇科蘋果屬

花語　又名思鄉草，象徵長期在外的遊子對家人的思念。

花期 3～4 月 / 果期 9～10 月

> 嫋嫋柔絲不自持，更禁日炙與風吹。
> 仙家見慣渾閒事，乞與人間看一枝。
> ——宋　孫惟信

植物學特徵　落葉小喬木。樹冠疏散，枝開展，小枝細弱，微彎曲，圓柱形，紫色或紫褐色。葉片卵形或橢圓形至長橢卵形，上面深綠色，有光澤並常帶紫暈。傘房花序，花梗細弱，下垂，紫色；花瓣倒卵形，粉紅色，常在 5 數以上。

園林應用　花色豔麗，花姿優美，花朵簇生於頂端，朵朵彎曲下垂，如遇微風飄飄蕩蕩，嬌柔紅豔。遠望猶如彤雲密布，美不勝收，是深受人們喜愛的庭院木本花卉。垂絲海棠宜植於小徑兩旁，或孤植、叢植於草坪上，最宜植於水邊，猶如佳人照碧池。此外，垂絲海棠還可製樁景。

西府海棠

Malus micromalus Makino
薔薇科蘋果屬

花語 美麗，嫻靜，與世無爭。

花期 4～5月 / 果期 8～9月

> 東風嫋嫋泛崇光，香霧空濛月轉廊。
> 只恐夜深花睡去，故燒高燭照紅妝。
> ——宋 蘇軾

植物學特徵 小喬木。樹枝直立性強，小枝細弱圓柱形。葉片長橢圓形或橢圓形，邊緣有尖銳鋸齒。傘形總狀花序，集生於小枝頂端，粉紅色。果實近球形。

園林應用 花朵紅粉相間，葉子嫩綠可愛，果實鮮美誘人，孤植、列植、叢植均極為美觀。最宜植於水濱及小庭一隅。新式庭院中，以濃綠針葉樹為背景，植海棠於前列，則其色彩尤覺奪目，若列植為花籬，鮮花怒放，蔚為壯觀。與玉蘭、牡丹、桂花相伴，形成「玉棠富貴」之意。

麻葉繡線菊

Spiraea cantoniensis Lour.
薔薇科繡線菊屬

花期 4～5月 / 果期 7～9月

植物學特徵　灌木。小枝細，拱形，平滑無毛。葉菱狀長橢圓形至菱狀披針形，有深切裂鋸齒，兩面光滑，表面暗綠色，背面藍青色，基部楔形。傘形花序具多花，白色。

園林應用　花色豔麗，花朵繁茂，盛開時枝條全部被細巧的花朵所覆蓋，形成一條條拱形花帶，樹上樹下一片雪白。初夏觀花，秋季觀葉，是一類極好的觀花灌木，適於在城鎮園林綠化中應用，或佈置廣場，或居住區綠化。該種為落葉灌木，枝條細長且萌蘗性強，因而可以代替女貞、黃楊用作綠籬。由於其花期長，又可用作花境，形成美麗的花帶。

近似種辨識

麻葉繡線菊	金焰繡線菊
葉片菱狀披針形或菱狀長圓形，比較光滑	葉片羽狀脈，邊緣有分裂鋸齒
花期 4～5月	花期 6～9月
花白色	花玫瑰色

珍珠梅

Sorbaria sorbifolia (L.) A. Br.
薔薇科珍珠梅屬

花語 努力。

花期 7～8月 / 果期 9月

> 枯枝微透春消息，
> 縱纖小也自含情。
> ——當代 溥儀

植物學特徵　灌木。羽狀複葉，小葉對生，披針形至卵狀披針形。頂生大型密集圓錐花序，花瓣長圓形或倒卵形，白色。蓇葖果長圓形，有頂生彎曲花柱。

園林應用　花、葉清麗，花期很長且值夏季少花季節，又有耐陰的特性，是受歡迎的觀賞樹種。在園林應用上常見孤植、列植、叢植。珍珠梅對多種有害細菌具有殺滅或抑制作用，適宜在各類園林綠地中種植。

棣棠

Kerria japonica (L.) DC.
薔薇科棣棠花屬

花語 高貴，寓意擁有美好。

花期 4～6月 / 果期 6～8月

> 棣棠黃花發，忘憂碧葉齊。
> 人間微病酒，燕重遠兼泥。
> ——唐 李商隱

植物學特徵　落葉灌木。小枝綠色，圓柱形，無毛，常拱垂，嫩枝有稜角。葉互生，三角狀卵形或卵圓形。單花，著生在當年生側枝頂端，花瓣黃色，寬橢圓形。瘦果倒卵形至半球形，褐色或黑褐色。

園林應用　枝葉翠綠細柔，金花滿樹，別具風姿，可栽在牆隅或管道旁，有遮蔽之效。宜可作花籬、花徑，群植於常綠樹叢之前、古木之旁、山石縫隙之中，池畔、水邊、溪流及湖沼沿岸成片栽種，均甚相宜。

杜梨

Pyrus betulifolia Bunge.
薔薇科梨屬

花期 4 月 / 果期 8～9 月

植物學特徵　喬木。樹冠開展，枝常具刺。葉片菱狀卵形至長圓卵形，邊緣有粗銳鋸齒。傘形總狀花序，白色，花藥紫色。果實近球形，褐色，有淡色斑點。

園林應用　樹形優美，花色潔白，抗鹽鹼，性強健，對水肥要求也不嚴，可用作防護林或水土保持林，也可用於街道庭院及公園的綠化樹。杜梨常作各種栽培梨的砧木，結果期早，壽命很長。

知識拓展　早期的先民們普通百姓家用不起圍欄，就用杜梨枝幹堵在院門口，起到防護作用。這可能也是杜梨這種樹木被稱「杜」的原因，指可以用來堵塞門洞的樹木。《尚書》、《國語》、《周禮》等古書用「杜」字表示「關閉、堵塞」等意思，原因就在這裡。這也是「杜門謝客、杜口吞聲、杜口裹足」等詞的來歷。

梨

Pyrus spp.
薔薇科梨屬

花語　純真，代表唯美純淨的愛情，也有離別之意。

花期 2～5 月 / 果期 5～8 月

> 梨花淡白柳深青，
> 柳絮飛時花滿城。
> 惆悵東欄一株雪，
> 人生看得幾清明。
> ——宋　蘇軾

植物學特徵　喬木。花芽較肥圓，呈棕紅色或紅褐色；葉芽小而尖，褐色。葉形多數為卵形或長卵圓形，單葉互生，葉緣有鋸齒。花為傘房花序，兩性花，花瓣近圓形或寬橢圓形。

園林應用　為了突出其個體美，梨樹在公園綠化中可孤植應用，一般選擇開闊空曠的地點，如草坪邊緣、花壇中心、角落向陽處及門口兩側等。春天，雪白的梨花競相開放；秋天，丰碩的梨果綴滿枝條，成為公園內一道靚麗的風景。

梅

Prunus mume Sieb.
薔薇科李屬

花語　梅，獨天下而春，作為傳春報喜、吉慶的象徵，從古至今一直被中國人視為吉祥之物。

花期 冬春季 / 果期 5～6月

> 聞道梅花坼曉風，雪堆遍滿四山中。
> 何方可化身千億，一樹梅花一放翁。
> ——宋　陸游

植物學特徵　小喬木，稀灌木。樹皮淺灰色或帶綠色，平滑；小枝綠色，光滑無毛。葉片卵形或橢圓形，先端尾尖，基部寬楔形至圓形，葉邊常具小銳鋸齒。花單生或有時2朵同生於1個芽內，香味濃，先於葉開放；花梗短，花萼通常紅褐色，花瓣倒卵形，白色至粉紅色。果實近球形，黃色或綠白色，味酸。

園林應用　對氟化氫汙染敏感，可以用來監測大氣氟化物汙染。梅花最適合植於庭院、草坪、低山丘陵，可孤植、叢植、群植。又可盆栽觀賞或加以修剪做成各式樁景，或作切花瓶插供室內裝飾用。

垂枝梅

Prunus mume var. *pendula*
薔薇科李屬

花期 2～3月 / 果期 5～6月

植物學特徵　枝自然下垂或斜垂，花有紅、粉、白各色。垂枝梅包括五個類型：單粉垂枝型，花似江梅；雙粉垂枝型，花似宮粉梅；殘雪垂枝型，花似玉蝶梅；白碧垂枝型，花似綠萼梅；骨紅垂枝型，花似朱砂梅。

園林應用　所有枝條自然下垂，形成傘狀或蘑菇狀樹冠來展示其優美的形態。可與其他植物，包括喬木、灌木、各種花卉搭配，在庭院、公路、公園等地方的綠化中經常被使用，可群植或片植形成大面積的景觀，亦可孤植。

杏

Prunus armeniaca
薔薇科李屬

花期 3～4月 / 果期 6～7月

> 紅粉團枝一萬重，當年獨自費東風。
> 若為報答春無賴，付與笙歌鼎沸中。
> ——宋·范成大

植物學特徵　落葉喬木。樹冠圓整，樹皮黑褐色，不規則縱裂。小枝紅褐色。葉寬卵形或卵狀橢圓形，鈍鋸齒，葉柄紅色無毛。花兩性，單生，白色至淡粉紅色，萼紫紅色，先葉開放。果球形，黃色。

園林應用　杏樹早春開花，宛若煙霞，是中國北方主要的早春花木。宜於山坡群植或片植，也可植於水畔、湖邊，極具觀賞性，也可作北方大面積荒山造林樹種。

> **知識拓展**
>
> 唐代南卓《羯鼓錄》講述了一則「羯鼓催花」的故事，說唐玄宗好羯鼓，曾遊別殿，見柳杏含苞欲吐，嘆息道：「對此景物，豈得不為他判斷之乎。」因命高力士取來羯鼓，臨軒敲擊，並自製《春光好》一曲，當軒演奏，回頭一看，殿中的柳杏這時繁花競放，似有報答之意。玄宗見後，笑著對宮人說：「此一事，不喚和作天公，可乎？」

榆葉梅

Prunus triloba
薔薇科李屬

花語　花團錦簇，春光明媚，欣欣向榮。

花期 4～5月 / 果期 5～7月

植物學特徵　灌木。短枝上的葉常簇生，一年生枝上的葉互生；葉片寬橢圓形至倒卵形，先端短漸尖。花先於葉開放，粉紅色。果實近球形，紅色，外被短柔毛；成熟時開裂，核近球形，具厚硬殼。

園林應用　枝葉茂密，花繁色豔，是中國北方園林、街道、路邊等區域重要的綠化觀花灌木樹種。有較強的抗鹽鹼能力，適合種在公園的草地、路邊或庭院中的角落、水池等地。

西洋接骨木

Sambucus williamsii
忍冬科接骨木屬

花語　象徵友誼、愛情。

花期 4～5 月 / 果期 9～10 月

植物學特徵

落葉灌木或小喬木。老枝淡紅褐色，具明顯的長橢圓形皮孔，髓部淡褐色。羽狀複葉。花與葉同出，圓錐形聚傘花序頂生，花冠蕾時帶粉紅色，開後白色或淡黃色，花藥黃色。果實紅色。

園林應用

夏季藍紫色果實滿樹，是不多見的夏季觀果樹種，十分受歡迎。

近似種辨識

西洋接骨木	接骨木
花期較晚，每年 5 月下旬開花	花期較早，每年 4 月下旬開始開花
羽狀複葉有小葉 3～7 枚，通常 5 枚；小葉片橢圓形，邊緣具銳鋸齒；葉面較平整；葉片較小、較窄	羽狀複葉有小葉 5～7 枚，有時僅 3 枚，有時多達 11 枚；小葉片卵圓形，邊緣具不整齊鋸齒；葉面不平整，葉緣部分常上下起伏；葉片較大較寬
聚傘花序呈傘房狀，分枝 5 個，平散	聚傘花序呈圓錐狀，分枝多成直角開展
花冠白色至乳白色，顏色較淺，花冠裂片 5 個，平展，不反折	花冠乳白色至淡黃色，顏色較深，花冠裂片 5 片，盛開時反折

錦帶花

Weigela florida (Bunge) A. DC.
忍冬科錦帶花屬

花語　前程似錦，絢爛美麗，炫如夏花。

花期 4～6月 / 果期 7～10月

> 何年移植在僧家，一簇柔條綴彩霞。
> 錦帶為名俚而俗，為君呼作海仙花。
> ——宋　王禹偁

植物學特徵　落葉灌木。葉基部闊楔形至圓形，邊緣有鋸齒。花單生或呈聚傘花序生於側生短枝的葉腋或枝頂，花冠紫紅色或玫瑰紅色，內面淺紅色。

園林應用　花期正值春花凋零、夏花不多之際，花色豔麗而繁多，故為東北、華北地區重要的觀花灌木之一。錦帶花對氯化氫抗性強，是良好的抗汙染樹種。

山茶

Camellia japonica L.
山茶科山茶屬

> 花語　謙遜，美德，適合送給戀人或欣賞的女性。

花期 1～4 月 / 果期 8～9 月

> 山茶相對阿誰栽，細雨無人我獨來。
> 說似與君君不會，爛紅如火雪中開。
> ——宋　蘇軾

植物學特徵　灌木或小喬木植物。葉革質，橢圓形，邊緣有細鋸齒。花頂生，紅色，無柄。蒴果圓球形，果皮厚木質。

園林應用　樹態優美，常散植於庭院、花徑、假山旁和林緣等地，也可建山茶專類園。北方適合盆栽觀賞，置於門廳入口、會議室、公共場所都能取得良好效果；置於家庭的陽臺、窗前，顯春意盎然。

朱頂紅

Hippeastrum rutilum
石蒜科朱頂紅屬

花語　渴望被愛，勇敢地追求愛，另外還有渴望被關愛的意思。

花期 5～6月

植物學特徵　多年生草本植物。具鱗莖，劍形葉左右排列，柱狀花葶巍然聳立當中，頂端著花4～8朵，兩兩對角生成，花朵碩大豪放，花色豔麗悅目。常見栽培有大紅、粉紅、橙紅各色品種，有的花瓣還密生各色條紋或斑紋。

園林應用　既是優良室內盆栽花卉，又是上等切花材料。進行短日照處理（每天光照8～12小時）可以提早開花。花大色豔，極為壯麗悅目。適於盆栽裝點居室、客廳、過道和走廊。也可於庭院栽培，或配植花壇。

知識拓展

希臘傳說中,在一個小鄉村裡,美麗的牧羊女遇到了英俊瀟灑的牧羊人,她對他一見鍾情。可是牧羊女發現,幾乎村裡所有的牧羊女都愛慕這個牧羊人,但是牧羊人的眼睛裡卻只看得到花園裡美麗的花朵。牧羊女很傷心,她想,究竟誰能得到牧羊人的真心呢?牧羊女帶著疑惑和傷心找到了女祭司,女祭司告訴她,如果妳想得到牧羊人的喜愛,就要付出代價。妳要用一枚黃金箭頭刺穿自己的心臟,之後每天都沿著同一條路去往牧羊人的小木屋,讓鮮血灑在妳走過的路上。在牧羊女去探望牧羊人的那條小路上開滿了紅色的花朵,如同牧羊女心頭的鮮血。牧羊女採了一大把花,她捧著這把花興奮地敲開了木屋的門,剎那間,嬌美的紅花和美麗的容顏打動了牧羊人,他接受了牧羊女的真心,與她幸福快樂地生活在一起。牧羊人用愛人的名字——朱頂紅命名了這種鮮紅的花朵。

鳳尾絲蘭

Yucca gloriosa L.
天門冬科絲蘭屬

花語　盛開的希望。

花期 6～10月

植物學特徵　常綠灌木。葉密集，螺旋排列於莖端，質堅硬，有白粉，劍形，頂端硬尖，邊緣光滑。圓錐花序高1公尺多，花大而下垂，乳白色，常帶紅暈。蒴果乾質，下垂，橢圓狀卵形，不開裂。

園林應用　葉色常年濃綠，花、葉皆美，數株成叢，高低不一，樹態奇特；葉形如劍，開花時花莖高聳挺立，繁多的白花下垂如鈴，姿態優美，花期持久，是良好的庭院觀賞樹木，常植於花壇中央、建築前、草坪中、池畔、臺坡、建築物、路旁及綠籬等地。

知識拓展　鳳尾絲蘭，一種很古老神奇的植物。傳說有一次鳳凰涅槃失敗後，因為沒有新的身體，便附著在旁邊的一株植物上。然後，這株植物便開出了迎著風擺動的鳳尾蘭。

白鶴芋

Spathiphyllum lanceifolium
天南星科白鶴芋屬

花語　事業有成、一帆風順。

花期 5～8 月

植物學特徵　多年生草本。葉基生，基部呈鞘狀，葉全緣或有分裂；葉長橢圓狀披針形，兩端漸尖，葉脈明顯，葉柄長，深綠色。佛焰苞大而顯著，高出葉面，白色或微綠色，肉穗花序乳黃色。

園林應用　花莖挺拔秀美，開花時十分美麗，不開花時亦是優良的室內盆栽觀葉植物，是新一代的室內盆栽花卉，盆栽點綴客廳、書房，別緻高雅。在南方，配植於小庭院、池畔、牆角處，別具一格。另外白鶴芋的花也是極好的花籃和插花裝飾材料，也可以過濾室內廢氣，對氨氣、丙酮、苯和甲醛都有一定的清潔功效。

花燭

Anthurium andraeanum Linden
天南星科花燭屬

花語　大展宏圖、熱情、熱血。

花期　全年

植物學特徵　多年生常綠草本植物。莖節短。葉自基部生出，綠色，革質，全緣，長圓狀心形或卵心形；葉柄細長。佛焰苞平出，卵心形，革質並有蠟質光澤，橙紅色或猩紅色。肉穗花序黃色。

園林應用　佛焰苞碩大，肥厚，覆有蠟層，光亮，色彩鮮豔，且葉形秀美。花燭小型者可製作溫室盆花；大型者可製作溫室大盆栽。

令箭荷花

Nopalxochia ackermannii Kunth
仙人掌科令箭荷花屬

> 花語 追憶，寓意對之前的事情有所留戀，適合送給曾經的戀人。

花期 4～6月

植物學特徵 附生類仙人掌植物。莖直立，多分枝，群生灌木狀。花大型，從莖節兩側的刺座中開出，花筒細長，喇叭狀，重瓣或複瓣，白天開花，夜晚閉闔，一朵花僅開 1～2 天，花色有紫紅、大紅、粉紅、洋紅、黃、白、藍紫等，夏季白天開花。果實橢圓形，紅色漿果，種子黑色。

園林應用 花色豐富，品種繁多，以其嬌麗輕盈的姿態、豔麗的色彩和幽郁的香氣，深受人們喜愛。以盆栽觀賞為主，在溫室中多採用品種搭配，可提高觀賞效果。用來點綴客廳、書房的窗前、陽臺、門廊，是色彩、姿態、香氣俱佳的室內優良盆花。

仙人指

Schlumbergera bridgesii (Lem.) Loefgr.
仙人掌科仙人指屬

花語 堅硬，藏在心底的愛。

花期 1～3月

植物學特徵 附生類常綠草本。扁平的變態攀緣節相連成枝，邊緣有 2～3 對波形網鈍齒，每片變態莖的下部呈半圓形，頂部平截。成年植株 12 月從枝頂變態莖著生花蕾，翌年 1～3 月開放，先伸直而後呈 90°角平展成輻射狀，有紫紅、橘紅、粉紅等色；2 月是其盛花期。

園林應用 株形優美，開花繁茂，為常見的室內花卉，能在陽光不足的空間栽培，多用於臥室、客廳、窗臺、案几上擺放觀賞。

知識拓展 仙人指的花瓣偏纖細，柔弱，開花時花瓣向後翻折過去，像人手的蘭花指，故名仙人指。仙人指是一種常見的仙人掌植物，觀賞性強。因為它在聖燭節開花，所以也叫聖燭節仙人掌。

蒲包花

Calceolaria × herbeohybrida Voss
玄參科蒲包花屬

花語 黃色代表富貴，紅色代表援助和人情，紫色代表離別，白色代表失落。

花期 2～5月 / 果期 6～7月

植物學特徵 一年生或多年生草本。葉卵形，對生。花色變化豐富，單色品種具黃、白、紅系各種深淺不同的花色；複色品種則在各種顏色的底色上，具有橙、粉、褐、紅等色斑或色點。花形別緻，具二唇花冠，小唇前伸，下唇膨脹呈荷包狀，向下彎曲。蒴果。

園林應用 花色豔麗，花形奇特，為冬春季重要的室內花卉。一般製作小型盆栽，花期可達 3～4 個月。

荷包牡丹

Dicentra spectabilis (L.) Lem.
罌粟科荷包牡丹屬

花語　悲傷，絕望的愛，永恆的愛。

花期 4～6 月

植物學特徵　直立草本。莖圓柱形，帶紫紅色。葉片輪廓三角形，二回三出複葉，全裂。總狀花序，有 5～15 枚花，於花序軸的一側下垂。

園林應用　葉叢美麗，花朵玲瓏，形似荷包，色彩絢麗，是盆栽和切花的好材料，也適合植於花境和樹叢、草地邊緣濕潤處，景觀效果極好。

知識拓展　傳說小鎮上住著一位美麗的姑娘，名叫玉女。玉女芳齡十八，心靈手巧，天生聰慧，繡花織布技藝精湛，尤其是繡在荷包上的各種花卉圖案，竟常招惹蜂蝶落在上面。這麼好的姑娘，提親者自然是擠破了門檻，但都被姑娘家人──婉言謝絕。原來姑娘自有鍾情的男子，家裡也默認了。可惜，小夥在塞外充軍已經兩年，杳無音信。玉女日日盼，夜夜想，苦苦思念，便每月繡一個荷包聊作思念之情，並掛在窗前的牡丹枝上。久而久之，荷包形成了串，就變成人們所說的那種「荷包牡丹」了。

紫茉莉

Mirabilis jalapa L.
紫茉莉科紫茉莉屬

花語 貞潔，質樸，膽小，怯懦，猜忌。

花期 6～10月 / 果期 8～11月

植物學特徵 一年生草本。莖直立，圓柱形，多分枝。葉片卵形或卵狀三角形，全緣，脈隆起。花常數朵簇生枝端，總苞鐘形；花紫紅色、黃色、白色或雜色，高腳碟狀，5淺裂；花午後開放，有香氣，翌日午前凋萎。瘦果球形，黑色，表面具皺紋。

園林應用 花色優美，適宜在庭院、房前屋後栽植，有時亦為野生。矮生品種可供盆栽。

三角梅

Bougainvillea glabra
紫茉莉科葉子花屬

花語 熱情，堅韌不拔，頑強奮進。

花期 4～11月

植物學特徵 有枝刺，枝條常拱形下垂。單葉互生，卵形或卵狀橢圓形，全緣。花3朵頂生，各具1枚葉狀大苞片，鮮紅色，橢圓形。

園林應用 苞片大而美麗，鮮豔似花，當嫣紅姹紫的苞片展現時，給予人奔放熱烈的感覺，在南方常作為坡地、圍牆的攀緣觀賞植物，也用於佈置綠籬和花壇。北方作為盆花主要用於冬季觀花。歐美用三角梅作切花。一年能開兩次，在華南地區可以採用花架，供門或高牆覆蓋，形成立體花牆。

楸

Catalpa bungei C. A. Mey.
紫葳科梓屬

花期 5～6月 / 果期 6～10月

> 楸英獨嫵媚，淡紫相參差。
> 大葉與勁幹，簇萼密自宜。
> ——宋 梅堯臣

植物學特徵　小喬木。葉三角狀卵形或卵狀長圓形，頂端長漸尖，基部截形、闊楔形或心形，葉背無毛。頂生傘房狀總狀花序，花萼蕾時圓球形，花冠淡紅色，內面具有2條黃色條紋及暗紫色斑點。蒴果線形，種子狹長橢圓形。

園林應用　樹形優美、花大色豔，常用作園林觀賞。或葉被密毛、皮糙枝密，有利於隔音、減聲、防噪、滯塵，此類型分別在葉、花、枝、果、樹皮、冠形方面獨具風姿，具有較高的觀賞價值和綠化效果。楸樹對二氧化硫、氯氣等有毒氣體有較強的抗性，能淨化空氣，是綠化城市、改善環境的優良樹種。

凌霄

Campsis grandiflora (Thunb.) Schum.
紫葳科凌霄屬

花語　慈母之愛，適合贈送母親。

花期 5～8月 / 果期 8～10月

> 庭中青松四無鄰，凌霄百尺依松身。
> 高花風墮赤玉盞，老蔓煙濕蒼龍鱗。
> ——唐　白居易

植物學特徵
攀緣藤本。莖木質，以氣生根攀附於他物之上。葉對生，為奇數羽狀複葉，小葉卵形至卵狀披針形。頂生疏散的短圓錐花序，花冠內側鮮紅色，外側橙紅色。蒴果頂端鈍。

園林應用
花大色豔，花期甚長，為庭院中棚架、花門的良好綠化材料；用於攀緣牆垣、枯樹、石壁，均極適宜；點綴於假山間隙，繁花豔彩，更覺動人；經修剪、整枝等栽培措施，可做成灌木狀栽培觀賞；管理粗放、適應性強，是理想的城市垂直綠化材料。

PART 2
觀果植物

盡芳菲
身邊的花草樹木圖鑑

Flowers and Trees
in Life

國槐

Styphnolobium japonicum (L.) Schott
豆科槐屬

花語 悲涼,愁思。

花期 7～8 月 / 果期 8～10 月

> 瞳瞳日腳曉猶清,細細槐花暖欲零。
> 坐閱諸公半廊廟,時看黃色起天庭。
> ——宋 蘇軾

植物學特徵 喬木。奇數羽狀複葉,互生。圓錐花序頂生,蝶形花冠。莢果念珠狀,成熟後不開裂。

園林應用 枝葉茂密,綠蔭如蓋,常配植於公園、建築四周、街坊住宅區及草坪上,是中國北方良好的城鄉遮陰樹和行道樹種,為優良的蜜源植物。國槐還是防風固沙用材及經濟林兼用的特色樹種,對二氧化硫、氯氣等有毒氣體有較強的抗性。

知識拓展

古代漢語中槐與官相連。如槐鼎，比喻三公或三公之位，亦泛指執政大臣；槐位，指三公之位；槐卿，指三公九卿；槐兗，喻指三公；槐宸，指皇帝的宮殿；槐掖，指宮廷；槐望，指有聲譽的公卿；槐綬，指三公的印綬；槐嶽，喻指朝廷高官；槐蟬，指高官顯貴；槐府，指三公的官署或宅第；槐第，是指三公的宅第。此外，唐代常以槐指代科考，考試的年頭稱槐秋，舉子赴考稱踏槐，考試的月分稱槐黃。槐象徵著三公之位，舉仕有望，且「槐」、「魁」相近，企盼子孫後代得魁星神君之佑而登科入仕。

山皂荚

Gleditsia japonica Miq.
豆科皂荚屬

花語　象徵無私的奉獻精神。

花期 4～5月　/　果期 9～10月

植物學特徵　落葉喬木。枝刺粗壯，基部扁。羽狀複葉，互生，小葉卵狀長圓形或卵狀披針形。總狀花序腋生，雜性花，黃白色。莢果，質薄而常扭曲，或呈鐮刀狀。

園林應用　常用於乾旱土坡，營造防護林。常在向陽山坡、谷地、溪邊或路旁栽培。

杜仲

Eucommia ulmoides Oliver
杜仲科杜仲屬

花期 4 月 / 果期 10 月

植物學特徵　落葉喬木。樹皮灰褐色，粗糙，內含橡膠，折斷拉開有多數細絲。葉橢圓形、卵形或矩圓形，薄革質，邊緣有鋸齒。花生於當年枝基部，早春開花。翅果扁平，長橢圓形，基部楔形，周圍具薄翅，堅果位於中央，稍突起，與果梗相接處有關節。種子扁平，線形，果實秋後成熟。

園林應用　樹幹端直，枝葉茂密，樹形整齊優美，可供藥用，為優良的經濟樹種，可作庭院林蔭樹或行道樹。杜仲也被引種到歐美各地的植物園，被稱為「中國橡膠樹」。

知識拓展

杜仲是中國特有藥材，其藥用歷史悠久，在臨床有著廣泛的應用。《神農本草經》謂其「主治腰膝痛，補中，益精氣，堅筋骨，除陰下癢濕，小便餘瀝。久服，輕身耐老。」

迄今已在地球上發現杜仲屬植物多達14種，後來相繼滅絕。存在於中國的杜仲是杜仲科杜仲屬僅存的孑遺植物，張家界被稱為「杜仲之鄉」，是世界上最大的野生杜仲產地。它不僅有很高的經濟價值，而且對於研究被子植物系統演化以及中國植物區系的起源等諸多方面都具有極為重要的科學價值。現已作為稀有植物被列入《中國植物紅皮書—稀有瀕危植物》第一卷。

紅豆杉

Taxus wallichiana var. *chinensis* (Pilg.) Florin
紅豆杉科紅豆杉屬

花期 2～3月 / 果期 10～11月

植物學特徵　喬木。樹皮灰褐色、紅褐色或暗褐色，裂成條片脫落。葉排成兩列，條形，微彎或較直。雄球花淡黃色。種子生於杯狀紅色肉質的假種皮中，或生於近膜質盤狀的種托（即未發育成肉質假種皮的珠托）之上，常呈卵圓形。

園林應用　在園林綠化、室內盆景方面具有十分廣闊的發展前景，如利用珍稀紅豆杉樹製作高檔盆景。應用矮化技術處理的東北紅豆杉盆景造型古樸典雅，枝葉緊湊而不密集，舒展而不鬆散，紅莖、紅枝、綠葉、紅豆使其具有觀莖、觀枝、觀葉、觀果多重觀賞價值。

知識拓展　紅豆杉又稱觀音杉，紅豆樹，扁柏，卷柏。中國國家一級珍稀保護樹種，是世界上公認的瀕臨滅絕的天然珍稀抗癌植物，是第四紀冰川遺留下來的古老樹種，在地球上已有 250 萬年的歷史。同時被全世界 42 個有紅豆杉的國家稱為「國寶」，聯合國也明令禁止採伐，是名副其實的「植物大熊貓」。由於在自然條件下紅豆杉生長速度緩慢，再生能力差，所以很長時間以來，世界範圍內還沒有形成大規模的紅豆杉原料林基地。

胡桃

Juglans regia L.
胡桃科胡桃屬

花期 4～5 月 / 果期 9～11 月

植物學特徵 落葉喬木。樹皮幼時灰綠色，老時灰白色而縱向淺裂。奇數羽狀複葉。雌雄異花同株，雄花柔荑花序，雌花 1～3 朵聚生。

園林應用 具有較高的營養價值，其根、莖、葉、果實都各有用途，全身是寶，是中國經濟樹種中分佈最廣的樹種之一。

知識拓展 胡桃又稱為核桃，核桃的故鄉是亞洲西部的伊朗，漢代張騫出使西域後將核桃帶回中國。按產地分類，有陳倉核桃、陽平核桃，野生核桃；按成熟期分類，有夏核桃、秋核桃；按果殼光滑程度分類，有光核桃、麻核桃；按果殼厚度分類，有薄殼核桃和厚殼核桃。

蠟梅

Chimonanthus praecox (Linn.) Link
蠟梅科蠟梅屬

花語 高潔正直，慈愛善良，堅強獨立，忠貞不屈。

花期 11月至翌年3月 / 果期 4～11月

> 籬菊初殘後，疏香忽傲霜。
> 一枝衝臘綻，紫瓣列金房。
> ——宋 洪適

植物學特徵
落葉灌木，常叢生。單葉對生，葉片橢圓狀卵形或卵狀披針形，先端漸尖，全緣，表面粗糙。花著生於第二年生枝條葉腋內，先花後葉，芳香；花被片圓形，無毛，冬末先葉開花。

園林應用
蠟梅是多季賞花的理想名貴花木。它更廣泛地應用於城鄉園林建設。蠟梅在百花凋零的隆冬綻蕾，鬥寒傲霜，表現了在強權面前永不屈服的精神，給予人心靈的啟迪和美的享受。它適合於庭院栽植，又適合作古椿盆景和插花與造型藝術。

小葉女貞

Ligustrum quihoui Carr.
木樨科女貞屬

花期 5～7月 / 果期 8～11月

植物學特徵　落葉灌木。葉片薄革質，形狀和大小變異較大，披針形、長圓狀橢圓形等。圓錐花序頂生。果倒卵形、寬橢圓形或近球形，呈紫黑色。

園林應用　株型緊湊、圓整，庭院中常栽植觀賞；抗多種有毒氣體，是優良的抗汙染樹種。園林綠化中重要的綠籬材料，亦可作桂花、丁香等樹的砧木。小葉女貞還是製作盆景的優良樹種，它葉小、常綠，且耐修剪，生長迅速，盆栽可製成大、中、小型盆景；老樁移栽，極易成活，枝條柔嫩易紮定形，一般 3～5 年就能成形，極富自然野趣。

近似種辨識

小葉女貞	小蠟
葉子上沒有茸毛，比較光滑，葉片略厚一些，花梗不太明顯	葉子上有一層細細的茸毛，葉片偏薄，花梗很明顯
花期5～7月	花期5～6月
用作綠籬栽植	在庭院、池塘邊、石頭旁都可以栽植

PART 2　觀果植物

小蠟

Ligustrum sinense
木樨科女貞屬

花期 5～6 月 / 果期 9～12 月

植物學特徵　落葉灌木或小喬木。葉片紙質或薄革質，卵形、橢圓狀卵形。圓錐花序頂生或腋生，塔形。果近球形。

園林應用　常植於庭院觀賞，叢植在林緣、池邊、石旁都可。規則式園林中常修剪成長、方、圓等幾何形體；江南常作綠籬應用。

知識拓展

小蠟始載《植物名實圖考》，曰：「小蠟樹，湖南山阜多有之，高五六尺，莖葉花俱似女貞而小，結小青實甚繁。」又引《宋氏雜部》稱：「水冬育葉細，利於養蠟子，亦卽指此。」

雪柳

Fontanesia philliraeoides var. fortunei (Carr.) Koehne
木樨科雪柳屬

花期 4～6月 / 果期 6～10月

植物學特徵　落葉灌木或小喬木。葉片紙質，披針形、卵狀披針形或狹卵形。小枝淡黃色或淡綠色，四稜形或具稜角。圓錐花序頂生或腋生。果黃棕色。

園林應用　葉形似柳，花白色，繁密如雪，故又稱「珍珠花」，為優良觀花灌木。可叢植於池畔、坡地、路旁、崖邊或樹叢邊緣，頗具雅趣。

知識拓展

相傳雪柳為鄭和下西洋時帶回來的植物,在南京靜海寺中廣為種植,形成了「散花成雨、植樹干雲」的壯觀景象,甚至吸引了偉大的醫學家李時珍前來考察。據周暉《金陵瑣事》、王友亮《金陵雜吟》等書籍記載,雪柳具有預測天氣、預告收成的神奇功效,故其花語為殊勝。雖經植物學家研究,這種功效實為人們的想像,但仍不失為一段有趣的逸聞。

白蠟

Fraxinus chinensis Roxb
木樨科梣屬

花期 4～5月 / 果期 7～9月

植物學特徵　落葉喬木。樹皮灰褐色，縱裂。羽狀複葉。圓錐花序頂生或腋生枝梢，花雌雄異株，鐘狀，無花冠。翅果匙形，常在一側開口深裂。

園林應用　根系發達，植株萌發力強，其幹形通直，枝葉繁茂，樹形美觀；速生耐濕，耐瘠薄乾旱，在輕度鹽鹼地也能生長，且抗煙塵、二氧化硫和氯氣，是防風固沙、護堤護路和工廠、城鎮綠化美化的優良樹種。

近似種辨識

白蠟	對節白蠟
樹幹從生長期就具有較深的縱裂	樹皮呈深灰色，老幹才會有縱裂
葉子比較大，葉色深綠，生長旺盛	葉子比較小，葉形秀麗，有一種柔美的感覺，它的葉片生長也比較密集
生長速度較快，生長期間需要合理修剪	生長速度比較緩慢，所以它能一直保持同一個造型

火棘

Pyracantha fortuneana (Maxim.) Li
薔薇科火棘屬

花期 3～5月 / 果期 8～11月

植物學特徵　常綠灌木。葉片倒卵形或倒卵狀長圓形。花集成複傘房花序，花瓣白色。果實近球形，橘紅色或深紅色。

園林應用　火棘自然抗逆性強，病蟲害少，在較差的建築垃圾清除不徹底的環境中也可生長。適應性強，耐修剪，喜萌發，可作綠籬。火棘用作球形布置可以採取拼栽或截枝、放枝等修剪整形的手法，錯落有致地栽植於草坪之上，點綴於庭院深處，紅彤彤的火棘果使人在寒冷的冬天裡有一種溫暖的感覺。

知識拓展　火棘又叫「救軍糧」。傳說三國時諸葛亮領兵打仗，有一次軍隊被困山中，處於孤立無援、箭盡糧絕的境地。後來有士兵發現山野間有一片低矮植物，其上結有成簇的紅彤彤的扁圓粒狀果，經嘗試，無毒，可供果腹，於是諸葛亮下令大量採集食用，終使軍隊度過艱危、反敗為勝。這種果實從此得名「救軍糧」。

山楂

Crataegus pinnatifida Bge.
薔薇科山楂屬

花期 5～6月 / 果期 9～10月

> 楂梨且綴碧，梅杏半傳黃。
> 小子幽園至，輕籠熟柰香。
> ——唐　杜甫

植物學特徵　落葉喬木。傘房花序具多花，花瓣白色，花藥粉紅色。果實近球形或梨形，深紅色，有淺色斑點。

園林應用　山楂可作綠籬和觀賞樹，樹冠整齊，花繁葉茂，秋季碩果纍纍，經久不凋，頗為美觀。幼苗可作山裡紅或蘋果的砧木。

知識拓展

山楂別名山裡紅、山裡果、紅果、胭脂果，是中國特有的藥果兼用觀賞樹種。果丹皮、酸梅湯、冰糖葫蘆，主角都是山楂，燉肉的時候加一把山楂片，也可以讓肉更快爛熟，而且燉出來的肉不那麼油膩。山楂果乾製成後也可入藥，是健脾開胃、消食化滯的良藥，很多健胃消食藥物的成分都含有山楂。

繅絲花

Rosa roxburghii Tratt.
薔薇科薔薇屬

花期 5～7月 / 果期 8～10月

植物學特徵　灌木。小枝有成對皮刺。小葉有細銳鋸齒，兩面無毛，托葉大部分貼生於葉柄。花單生，花瓣重瓣至半重瓣，淡紅或粉紅色，花序離生。薔薇果扁球形，外面密生針刺。

園林應用　花美麗，供觀賞；枝幹多刺，可作綠籬。產於安徽、浙江、福建、江西、湖北、湖南等地，野生或栽培。

知識拓展

繅絲花的果實又叫刺梨、山王果、刺莓果、刺菠蘿等，是滋補養生的營養珍果，是一種稀有的果實。歷史上有利用刺梨釀製刺梨酒的記載，最早始見於清道光十三年（西元 1833 年），吳嵩梁在《還任黔西》中提到：「新釀刺梨邀一醉，飽餐香稻愧三年。」貝青喬的《苗俗記》載：「刺梨一名送香歸……味甘微酸，釀酒極香。」

榲桲

Cydonia oblonga Mill.
薔薇科榲桲屬

花期 4 月 / 果期 8～9 月

植物學特徵　喬木。小枝粗壯，微曲，二年生枝條褐灰色。葉片卵形至長卵形，上下兩面或葉柄上均有白色柔毛。傘形總狀花序，白色。果實卵球形或橢圓形，褐色，有稀疏斑點。

園林應用　喜光，耐高溫，同時也具有較強的抗寒性，可在冬季最低溫度−25℃以上的地區栽植。榲桲實生苗可作蘋果和梨類砧木；耐修剪，適合作綠籬。

知識拓展　榲桲又叫木梨，在歐洲、中亞及中國新疆是古老果樹之一。榲桲在中亞和中國新疆地區自古以來都是作為果品生產栽培的。當前榲桲在各地栽培數量極少，在市場上視為珍品。榲桲常作為西洋梨的矮化砧木，與中國梨品種的親和力不強，一般採用西洋梨作為中間砧木，上部嫁接中國梨品種，從而達到矮化栽培目的。

木瓜

Pseudocydonia sinensis (Thouin) C. K. Schneid.
薔薇科木瓜屬

花期 4 月 / 果期 9～10 月

植物學特徵　灌木或小喬木。樹皮呈片狀脫落。葉片橢圓卵形或橢圓長圓形，邊緣有刺芒狀尖銳鋸齒。花單生於葉腋，花梗短粗，花瓣倒卵形，淡粉紅色。果實長橢圓形，暗黃色，木質，味芳香，果梗短。

園林應用　樹姿優美，花簇集中，花量大，花色美，常被作為觀賞樹種，還可作海棠的砧木，或作為盆景在庭院或園林中栽培，具有城市綠化和園林造景功能。

知識拓展

國風·衛風·木瓜

投我以木瓜，報之以瓊琚。匪報也，永以為好也！
投我以木桃，報之以瓊瑤。匪報也，永以為好也！
投我以木李，報之以瓊玖。匪報也，永以為好也！

王族海棠

Malus "Royalty"
薔薇科蘋果屬

花期 4 月 / 果期 6～12 月

植物學特徵　株型緊密，小枝暗紫。單葉互生，新葉紅色，老葉綠色。葉片成熟時逐漸紫紅透綠，全株以紫紅色為主，11月上旬開始落葉。花深紅色，開花繁密而豔麗。果實紫紅色，6月就紅豔如火，直到隆冬。

園林應用　樹姿優美，集觀葉、觀花、觀果於一體。種植形式既可孤植、列植，又可片植、林植，景觀效果好。花豔葉美，可在綠化中用作花籬栽培樹種。葉色紫紅，故可密植組成色塊，也可與金葉女貞、珍珠繡線菊、小葉黃楊、金葉風箱果等配植成模紋花壇。

知識拓展　王族海棠的花、葉、果甚至枝幹均為紫紅色，是罕見的彩葉海棠品種。王族海棠原產於美國，目前在中國的西北、華北、華南都有栽培，主要用於旱地栽培。

乳茄

Solanum mammosum L.
茄科茄屬

花語 老少安康，金銀無缺，寄託人們的美好心願。

花期 夏秋 / 果期 夏秋

植物學特徵 直立草本。葉卵形，寬幾乎與長相等，常5裂，有時3～7裂；萼近淺杯狀，外被極長具節的長柔毛及腺毛。花冠紫色。漿果倒梨形，外面土黃色，內面白色，具5個乳頭狀突起。

園林應用 果實基部有乳頭狀突起，或乳狀頭，或如手指，或像牛角。果形奇特，觀果期達半年，果色鮮豔，是一種珍貴的觀果植物，在切花和盆栽花卉上廣泛應用。

知識拓展 在民間，乳茄是一種代表吉祥的植物，象徵五福臨門、金玉滿堂、富貴發財，因此又名五代同堂，寓意子孫繁衍不息、代代相傳。人們常把乳茄果實擺在神案上作為供品。

桑

Morus alba L.
桑科桑屬

花期 4～5月 / 果期 5～8月

> 燕草如碧絲，秦桑低綠枝。
> ——唐 李白

植物學特徵　喬木或灌木。葉卵形或廣卵形。花單性，與葉同時生出，雄花序下垂，雌花無梗，花被片倒卵形，頂端圓鈍，外面和邊緣被毛，兩側緊抱子房，無花柱，內面有乳頭狀突起。聚花果，卵狀橢圓形，成熟時呈紅色或暗紫色。

園林應用　樹冠寬闊，樹葉茂密，秋季葉色變黃，頗為美觀，且能抗煙塵及有毒氣體，適用於城市、工礦區及農村四旁綠化。適應性強，為良好的綠化及經濟樹種。

知識拓展　中國是世界上種桑養蠶最早的國家。桑樹的栽培歷史已有七千多年。在商代，甲骨文中已出現桑、蠶、絲、帛等字形。到了周代，採桑養蠶已是常見農活。春秋戰國時期，桑樹已成片栽植。中國古代人們有在房前屋後栽種桑樹和梓樹的傳統，因此常把「桑梓」代表故土、家鄉。

構樹

Broussonetia papyrifera
桑科構屬

花期 4～5月 / 果期 6～7月

植物學特徵

落葉喬木。樹皮平滑，不易裂，全株含乳汁，小枝密生柔毛。葉先端漸尖，基部心形，兩側常不相等。花雌雄異株，雄花序為柔荑花序，花藥近球形，雌花序球形頭狀。聚花果，成熟時為橙紅色。

園林應用

構樹具有速生、適應性強、分佈廣、易繁殖、熱量高、輪伐期短的特點。能抗二氧化硫、氟化氫和氯氣等有毒氣體，可用作荒灘、偏僻地帶及汙染嚴重的工廠綠化樹種，也可用作行道樹。

知識拓展

構樹的葉子很寬大，上面還有細小的茸毛；枝條、葉柄折斷會有白色似乳汁一樣的液體流出來。果實長得更有特色，像極了楊梅，開始是綠色的，成熟後就是橙紅色的，因此有「假楊梅」的稱號。

毛梾

Cornus walteri Wangerin
山茱萸科山茱萸屬

花期 5 月 / 果期 9 月

植物學特徵 落葉喬木。樹皮厚，黑褐色，縱裂而又橫裂呈塊狀。幼枝對生，綠色，略有稜角，密被貼生灰白色短柔毛，老後黃綠色。葉對生，紙質。傘房狀聚傘花序頂生，核果球形。

園林應用 毛梾是園林綠化、荒山造林、木本油料、生物質能源等於一體的多功能鄉土樹種。木材堅硬，紋理細密、美觀，可作家具、車輛、農具等取材用。毛梾在園林綠化中有兩種用途，一種是行道樹，一種是景觀樹或庭蔭樹。

知識拓展 毛梾又名車梁木。據說孔子周遊列國時需要長途跋涉，車梁換了一根又一根，但很快就壞掉，後來換了一種很堅硬的木材，車梁就一直沒有壞，這種木材就是毛梾。2014 年 12 月毛梾被中國花卉報列為北京深度挖掘的鄉土樹種，其果實含油量可達 27% ～ 38%，供食用或作高級潤滑油，油渣可作飼料和肥料。

石榴

Punica granatum L.
石榴科石榴屬

花期 5～6月 / 果期 9～10月

> 榴枝婀娜榴實繁，榴膜輕明榴子鮮。
> 可羨瑤池碧桃樹，碧桃紅頰一千年。
> ——唐 李商隱

植物學特徵 落葉灌木或小喬木。樹幹呈灰褐色，上有瘤狀突起，幹多向左方扭轉。葉對生或簇生，呈長披針形至長圓形。花兩性，花瓣倒卵形；花多紅色，也有白和黃、粉紅、瑪瑙等色。子房成熟後變成大型而多室、多籽的漿果，每室內有多數籽粒；外種皮肉質，呈鮮紅、淡紅或白色，多汁，甜而帶酸，即為可食用的部分，內種皮為角質。

園林應用 樹姿優美，枝葉秀麗。初春嫩葉抽綠，婀娜多姿；盛夏繁花似錦，色彩鮮豔；秋季纍果懸掛。孤植或叢植於庭院、遊園之角，對植於門庭之出處，列植於小道、溪旁、坡地、建築物之旁，也可做成各種樁景或供瓶插花觀賞。

知識拓展

自古以來，石榴就是吉祥的代表，它象徵多子多福。唐代，流行結婚贈石榴的禮儀，並開始流傳「石榴仙子」的神話故事。宋代人還用石榴果裂開時內部的種子數量，來占卜預知科考上榜的人數，久而久之，「榴實登科」一詞流傳開來，寓意金榜題名。明清時，因中秋正是石榴上市季節，於是又有了「八月十五月兒圓，石榴月餅拜神仙」的民俗。

欒樹

Koelreuteria paniculata Laxm.
無患子科欒樹屬

花期 6～8月 / 果期 9～10月

植物學特徵　落葉喬木或灌木。樹皮灰褐色至灰黑色，老時縱裂，皮孔明顯。葉叢生於當年生枝上，平展；一回、不完全二回或偶有二回奇數羽狀複葉，邊緣有不規則的鈍鋸齒。聚傘圓錐花序，花淡黃色，花瓣4枚，開花時向外反折，線狀長圓形。蒴果三角狀卵形。

園林應用　耐寒耐旱，適應性強。季相明顯，春季嫩葉多為紅葉，夏季黃花滿樹，入秋葉色變黃，果實紅色或橘紅色，形似燈籠，十分美麗。春季觀葉，夏季觀花，秋冬觀果，是理想的綠化、觀賞樹種，適合作庭蔭樹、行道樹及園景樹，欒樹也是適合工業汙染區配植的好樹種。

近似種辨識

	黃山欒樹	欒樹
	二回奇數羽狀複葉，互生，小葉全緣 7～9 枚	一回奇數羽狀複葉，少有二回奇數羽狀複葉，小葉 10～17 枚，葉片邊緣有不規則的鋸齒
	花期 8～9 月，果期 10～11 月	花期 6～8 月，果期 9～10 月
	稍耐寒	極耐寒

懸鈴木

Platanus acerifolia
懸鈴木科懸鈴木屬

花期 4～5 月 / 果期 9～10 月

植物學特徵　落葉大喬木。單葉互生，葉大，3～5 掌狀分裂，邊緣有不規則尖齒和波狀齒，有柄下芽。樹皮灰綠或灰白色，不規則片狀剝落，光滑。頭狀花序球形，球果下垂，通常 1 球、2 球、3 球一串。

園林應用　枝條開展，樹冠廣闊，適應性強，又耐修剪，是世界著名的優良庭蔭樹和行道樹。在園林中孤植於草坪或曠地，列植於通道兩旁，尤為雄偉壯觀。又因其對多種有毒氣體抗性較強，並能吸收有害氣體，作為街道、廠礦綠化也頗為合適，被廣泛應用於城市綠化。

知識拓展

懸鈴木，是懸鈴木屬植物的通稱。中國懸鈴木一般包括一球懸鈴木（美國梧桐）、二球懸鈴木（英國梧桐）、三球懸鈴木（法國梧桐）三種，常被誤叫稱為「法國梧桐」。

傳說當年宋美齡特別喜歡法國梧桐，蔣中正特意從法國引進兩萬棵法國梧桐，從美齡宮一路種到中山北路，種成一串寶石項鏈的效果，送給愛人做禮物。

朴樹

Celtis sinensis Pers.
榆科朴屬

花語 樸實。

花期 3～4月 / 果期 9～10月

植物學特徵　喬木。葉互生，葉片革質，基部圓形或闊楔形，偏斜，三出脈。花雜性（兩性花和單性花同株）。核果近球形，果成熟時紅褐色。

園林應用　朴（ㄆㄛˋ）樹是行道樹品種，主要用於道路綠化。在園林中孤植於草坪或曠地，列植於街道兩旁，尤為雄偉壯觀，又因對二氧化硫、氯氣等多種有毒氣體抗性較強，吸滯粉塵的能力較強，用於城市及工礦區、廣場、校園綠化頗為合適。綠化效果體現速度快，移栽成活率高，造價低廉。

枸橘

Poncirus trifoliata (L.) Raf
芸香科枳屬

花期 5〜6月 / 果期 10〜11月

> 橈葉落山路，枳花明驛牆。
> 因思杜陵夢，鳧雁滿回塘。
> ——唐 溫庭筠

植物學特徵　小喬木。枝綠色，嫩枝扁，有縱稜，刺尖乾枯狀，紅褐色，基部扁平。花瓣白色，一般先葉開放，也有先葉後花的。果近圓球形或梨形，微有香櫞氣味，甚酸且苦，帶澀味。

園林應用　多用作屏障和綠籬，植於大型山石旁也很適合。既可賞春季白花、秋季黃果，又可賞冬季綠色枝條。

朱砂根

Ardisia crenata Sims
紫金牛科紫金牛屬

花期 5～6 月 / 果期 10～12 月

植物學特徵　灌木。莖粗壯，葉片革質或堅紙質，橢圓形、橢圓狀披針形至倒披針形，基部楔形，邊緣具皺波狀或波狀齒，兩面無毛。傘形花序或聚傘花序，著生於花枝頂端；花瓣白色，盛開時反捲。核果圓球形，如豌豆大小，開始淡綠色，成熟時鮮紅色。

園林應用　硃砂根又名金玉滿堂、黃金萬兩。果實繁多，掛果期長，鮮紅豔麗，與綠葉相映成趣，極為美觀，具有極大的觀賞價值；另有白色或黃色種，是適於室內盆栽觀賞的優良觀果植物。

知識拓展　硃砂根的株形美觀，小巧玲瓏，葉密滴翠，果實紅色，晶瑩剔透，在綠葉遮掩下相映成趣，煞是好看，而且耐陰和掛果期長（1～6 月），適值春節上市，並被人們命以具有好意頭的別稱——「黃金萬兩」、「紅運當頭」、「富貴籽」，惹人喜愛，象徵喜慶吉祥，多作為結婚、開業、喬遷慶賀用的首選花卉。一般均能作藥用。李時珍曾描述道：「朱砂根，生深山中，今惟太和山人採之。苗高尺許，葉似冬青葉，背甚赤，夏月長茂，根大如箸，赤色，此與百兩金彷彿。」

梓

Catalpa ovata G. Don.
紫葳科梓屬

花期 6～7 月 / 果期 8～10 月

> 維桑與梓，必恭敬止。靡瞻匪父，靡依匪母。
> ——先秦 佚名

植物學特徵　落葉喬木。葉對生或近於對生，有時輪生，葉闊卵形，長寬相近，葉片上面及下面均粗糙。圓錐花序頂生，花冠鐘狀，淺黃色。蒴果線形，下垂，深褐色，冬季不落。

園林應用　樹體端正，冠幅開展，葉大蔭濃，春夏滿樹白花，秋冬莢果懸掛，形似掛著蒜薹，因此也叫蒜薹樹，是具有一定觀賞價值的樹種。該樹為速生樹種，可作行道樹、庭蔭樹以及工廠綠化樹種。

> **知識拓展**
>
> 在漢語中,「桑梓」一詞經常被人們用來代稱「故鄉、鄉下」。東漢張衡在其《南都賦》一文中曰:「永世友孝,懷桑梓焉;真人南巡,覩歸里焉。」在古代,桑樹和梓樹與人們衣、食、住、用有著密切的關係,古人經常在自己家的房前屋後植桑栽梓,而且人們對父母先輩所栽植的桑樹和梓樹也往往心懷敬意。

PART 3
觀葉植物

盡芳菲
身邊的花草樹木圖鑑

Flowers and Trees
in Life

側柏

Platycladus orientalis (L.) Franco
柏科側柏屬

花期 3～4月 / 果期 10月

植物學特徵 喬木。樹皮薄，淺灰褐色，縱裂成條片；枝條向上伸展或斜展，幼樹樹冠卵狀尖塔形，老樹樹冠則為廣圓形；生鱗葉的小枝扁平，排成一平面。雄球花黃色，卵圓形；雌球花近球形。球果近卵圓形，成熟前近肉質，藍綠色，被白粉，成熟後木質，開裂呈紅褐色。

園林應用 側柏在園林綠化中有著非常重要的地位。側柏配植於草坪、花壇、山石、林下，可增加綠化層次，豐富觀賞美感。耐汙染，耐嚴寒，耐乾旱，適合北方綠化。成本低廉，移栽成活率高，貨源廣泛，是綠化道路、荒山的首選苗木之一。

知識拓展 側柏是中國應用最廣泛的園林綠化樹種之一，自古以來就常栽植於寺廟、陵墓和庭院中。如在北京天壇，大片的側柏和檜柏與皇穹宇、祈年殿的漢白玉欄杆以及青磚石路形成強烈的烘托，充分地突出了主體建築，明確地表達了主題思想。

灑金柏

Juniperus chinensis "Aurea"
柏科側柏屬

花期 3～4月 / 果期 10～11月

植物學特徵　植株低矮，窄圓錐狀樹冠。鱗形葉，淡黃綠色，覆蓋全株，入冬略轉褐色。

園林應用　中國北方應用最廣、栽培觀賞歷史最久的園林樹種。其樹冠渾圓丰滿，酷似綠球，葉色金黃，彷彿金紗籠罩，群植中混栽一些觀葉樹種。灑金柏是一種彩葉樹種，觀賞價值極佳，對空氣汙染有很強的耐力，因此常用於城市綠化，種植於市區街心、路旁等地。

近似種辨識

灑金柏	黃金柏
柏科側柏屬	柏科圓柏屬
植株比較低矮，樹冠圓潤，近平球形	直立灌木，高度可達 5.5 公尺，成齡樹如同綠巨人一般，樹形高大、端正
作隔離帶，或搭配其他色塊作綠籬栽植	主要作行道樹

圓柏

Sabina chinensis (L.) Ant.
柏科圓柏屬

花期 4 月 / 果期 翌年 11 月

植物學特徵
樹冠尖塔形。壯齡樹兼有刺葉與鱗葉，刺葉生於幼樹之上，老齡樹則全為鱗葉。雌雄異株。球果近圓球形，兩年成熟。種子卵圓形。

園林應用
樹形優美，姿態奇特，可以獨樹成景，是中國傳統的園林樹種。耐修剪又有很強的耐陰性，故作綠籬比側柏優良，下枝不易枯，冬季顏色不變褐色或黃色，且可植於建築之北側背陰處。作綠籬、行道樹，還可以作樁景、盆景材料。

知識拓展
圓柏稱檜，自古已然。檜，古一名栝（ㄍㄨㄚ）。中國早在西元前就有關於檜（圓柏）公布、利用、栽培的記載。在西周的附屬國「檜」中，圓柏被認為是國家的名字，西周時期由於附屬國的分裂，它被稱為「杜松柏」。在《詩經》中，也有「其枝葉乍松乍柏，一枝之間屢變。」當幼樹還小的時候，松柏的葉子是針葉。隨著樹齡的增長，針葉逐漸被鱗片葉所取代。

龍柏

Sabina chinensis "Kaizuca"
柏科圓柏屬

花期 3～4 月 / 果期 10～11 月

植物學特徵 喬木。樹皮深灰色，縱裂，成條片開裂。幼樹的枝條通常斜向上伸展，形成尖塔形樹冠，老樹則下部大枝平展，形成廣圓形的樹冠。小枝密集，葉密生，全為鱗葉，幼葉淡黃綠色，老葉為翠綠色。

園林應用 樹形優美，枝葉碧綠青翠，公園籬笆綠化首選苗木，多被種植於庭院。也被應用於公園、綠牆和高速公路中央隔離帶。龍柏移栽成活率高，恢復速度快，是園林綠化中使用較多的灌木。

知識拓展 龍柏又名刺柏、紅心柏、珍珠柏等，是圓柏的栽培變種。龍柏長到一定高度，枝條螺旋盤曲向上生長，好像盤龍姿態，故名「龍柏」。

烏桕

Triadica sebifera (L.) Small
大戟科烏桕屬

花期 4～8月

植物學特徵　喬木，樹皮暗灰色，有縱裂紋。葉互生，紙質，葉片菱形、全緣。花單性，雌雄同株，聚集成頂生。蒴果梨狀球形，成熟時黑色。種子扁球形，黑色，外被白色、蠟質的假種皮。

園林應用　樹冠整齊，葉形秀麗，秋葉經霜時如火如荼，與亭廊、花牆、山石等相配，非常協調。可孤植、叢植於草坪和湖畔、池邊，在園林綠化中可作護堤樹、庭蔭樹及行道樹。

知識拓展　烏桕，以烏喜食而得名。俗名木子樹，五月開細黃白花。宋代林逋詩：「巾子峰頭烏桕樹，微霜未落已先紅。」深秋，葉子由綠變紫、變紅，有「烏桕赤於楓，園林二月中」之讚名。冬日白色的烏桕果實掛滿枝頭，經久不凋，也頗美觀，古時就有「偶看桕樹梢頭白，疑是江海小著花」的詩句。

變葉木

Codiaeum variegatum (L.) A. Juss
大戟科變葉木屬

花語　變幻無常，變色龍。

花期 9～10月

植物學特徵　葉薄，革質，形狀大小變化很大。基部楔形，兩面無毛，綠色、淡綠色、紫紅色、紫紅與黃色相間，綠葉上散生黃色或金黃色斑點或斑紋。總狀花序腋生，雄花白色；雌花淡黃色，無花瓣；花梗稍粗。蒴果近球形。

園林應用　變葉木是一種珍貴的熱帶觀葉植物。變葉木因在其葉形、葉色上變化顯示出色彩美、姿態美，深受人們喜愛，華南地區多用於公園、綠地和庭院美化，既可叢植，也可作綠籬；在長江流域及以北地區均作盆花栽培，裝飾房間、廳堂和佈置會場。其枝葉是插花理想的配葉材料。

一品紅

Euphorbia pulcherrima Willd. ex Klotzsch
大戟科大戟屬

花語　普天同慶，共祝新生。

花期 10 月至翌年 4 月　/　果期 10 月至翌年 4 月

植物學特徵

灌木植物。葉互生，卵狀橢圓形、長橢圓形或披針形，綠色，邊緣全緣或淺裂或波狀淺裂。苞葉硃紅色，數個聚傘花序排列於枝頂。蒴果。

園林應用

顏色鮮豔，觀賞期長，又值聖誕、元旦、春節期間苞葉變色，具有良好的觀賞效果。暖地植於庭院點綴，具有畫龍點睛之效。此花很適合室內佈置，門廳、會場、家庭等大小場合均可。

知識拓展

相傳古時候，在墨西哥南部有一個村莊，土地肥沃，水源充足，農牧業甚為興旺，人們過著安居樂業的生活。有一年夏季，突發泥石流，一塊巨石把水源切斷，造成該地區嚴重缺水，土地乾裂。這時村莊裡有一個名叫波爾切里馬的勇士，不顧個人安危，鑿石取水，夜以繼日，終於將巨石鑿開，清泉像猛虎般衝出，波爾切里馬由於疲勞過度，被水衝走，人們到處尋找，未見人影。時間一天天過去，一天，一個放牧人在水邊發現一株頂葉鮮紅的花，格外美麗。這事驚動了村莊百姓，村民發現：這花很像生前穿著紅上衣的波爾切里馬。為了紀念捨身取水之人，就將此花命名為「波爾切里馬花」，也就是我們今天熟識的「一品紅」。

龍爪槐

Stypholobium japoniam "Pendula"
豆科槐屬

花期 7～8月 / 果期 8～10月

> 涼風木槿籬，暮雨槐花枝。
> 並起新秋思，為得故人詩。
> ——唐 白居易

植物學特徵　喬木。樹皮灰褐色，具縱裂紋。羽狀複葉，小葉對生或近互生，紙質，卵狀披針形或卵狀長圓形。圓錐花序頂生，常呈金字塔形，蝶形花冠，白色或淡黃色。莢果串珠狀。

園林應用　適應性強，對土壤要求不嚴，較耐瘠薄，且姿態優美，開花季節，米黃花序布滿枝頭，似黃傘蔽日，觀賞價值極高，是優良的園林樹種。常作為門庭或道旁樹，或植於草坪中作觀賞樹，適合孤植、對植、列植。

> **知識拓展**
>
> 北京最早以龍命名的胡同和街巷,可以追溯到唐朝。龍爪槐胡同就是因唐代的龍樹寺而得名。當時興誠寺內有一棵大槐樹,而樹的形狀如同龍爪一般,於是就改名為龍樹寺。到了清末,街巷也以龍爪槐命名,龍爪槐胡同一直保持至今。

蝴蝶槐

Sophora japonica f. oligophylla
豆科槐屬

花期 6～8月 / 果期 9～11月

植物學特徵　中等喬木，又名七葉槐（五葉槐）、畸葉槐，為國槐的變種。小葉聚生，狀如蝴蝶，姿態奇特，是中國園林中的珍貴樹種。花黃綠色。果綠色。

園林應用　耐煙塵，能適應城市街道環境，對二氧化硫、氯氣、氯化氫均有較強的抗性。木材堅韌、稍硬、耐水濕，富有彈性，可供建築、車輛、家具、造船、農具、雕刻等用。

知識拓展　北京元代古剎柏林寺，其後院維摩閣前就有一株高大古槐，因其葉由七片簇成一束，故名「七葉槐」。因微風吹過，葉片簇簇搖動，似飛舞的蝴蝶，因此又名「蝴蝶槐」。這株槐樹於清乾隆年間重修該寺時種植，距今已有三百多年歷史，是北京的古七葉槐之最。此外，在西四廣濟寺後院舍利閣前，也有一棵清代的七葉槐，是該寺的「三寶」（方缸、鐵井、七葉槐）之一。在景山公園的東門內還有一棵五葉槐，葉緣橢圓，是另一種蝴蝶槐。

黃金槐

Sophora japonica "Golden Stem"
豆科槐屬

花期 5～8月 / 果期 8～10月

植物學特徵　落葉喬木。一年生枝春季為淡黃綠色，入冬後漸轉黃色，二年生枝和樹幹為金黃色，樹皮光滑。樹幹直立，樹形自然開張，樹態蒼勁挺拔，樹繁葉茂。葉互生，羽狀複葉，橢圓形，光滑，淡黃綠色。

園林應用　在園林綠化中用途頗廣，是道路、風景區等區域園林綠化的彩葉樹種之一。黃金槐不僅具有四季景觀觀賞價值，且因生態學特性使其在與其他樹種混交中可以提高群體的穩定性，具有良好的成景作用。

近似種辨識

黃金槐	金葉槐
枝條金黃色，葉片淡黃綠色	枝條綠色，葉片金黃色
觀賞期為一年四季	觀賞期為春夏秋三季

紫藤

Wisteria sinensis (Sims) DC.
豆科紫藤屬

花期 4～5月 / 果期 5～8月

植物學特徵　落葉藤本。莖右旋，枝較粗壯。奇數羽狀複葉。花冠紫色，蝶形花冠。莢果，懸垂枝上不脫落。

園林應用　長壽樹種，民間極喜種植，成株的莖蔓蜿蜒屈曲，開花繁多，花序懸掛於綠葉藤蔓之間，瘦長的莢果迎風搖曳。在庭院中用其攀繞棚架，製成花廊，或用其攀繞枯木，有枯木逢生之意。紫藤對二氧化硫和硫化氫等有害氣體有較強的抗性，對空氣中的灰塵有吸附能力，其在綠化中已得到廣泛應用，尤其在立體綠化中發揮著舉足輕重的作用。

知識拓展　李白曾有詩云：「紫藤掛雲木，花蔓宜陽春。密葉隱歌鳥，香風留美人。」暮春時節，正是紫藤吐豔之時，一串串碩大的花穗垂掛枝頭，紫中帶藍，燦若雲霞，灰褐色的枝蔓如龍蛇般蜿蜒。古往今來的畫家都愛將紫藤作為花鳥畫的好題材，如朱宣咸創作有中國畫《紫藤雙燕》等。

合歡

Albizzia julibrissin Durazz.
豆科合歡屬

花語　夫妻和睦，家人團結，對鄰居心平氣和，友好相處。

花期 6～7 月　/　果期 8～10 月

> 惆悵綵雲飛，碧落知何許？
> 不見合歡花，空倚相思樹。
> ——清　納蘭性德

植物學特徵　落葉喬木。二回羽狀複葉，互生，先端銳尖，基部截形，全緣。頭狀花序多數，呈傘房狀排列，粉紅色。莢果扁平帶狀，黃褐色。

園林應用　樹冠開闊，葉纖細如羽，花朵鮮紅，是優美的庭蔭樹和行道樹，適合植於房前屋後及草坪、林緣。對有毒氣體抗性強，可用作園景樹、行道樹、風景區造景樹、濱水綠化樹、工廠綠化樹和生態保護樹等。

海桐

Pittosporum tobira (Thunb.) Ait.
海桐科海桐屬

花語 記住我，學會自重，學會感恩。

花期 5月 / 果期 10月

植物學特徵 常綠灌木或小喬木。葉集枝頂生，革質，全緣，先端圓或鈍，基部楔形。傘房花序生於枝頂，花有香氣，花瓣5枚，初開時白色，後變黃。蒴果球形。

園林應用 枝葉茂密，下枝覆地，四季碧綠，葉色光亮，自然生長呈圓球形，葉色濃綠有光澤，經冬不凋。初夏花朵清麗芳香，入秋果熟開裂時露出紅色種子，頗美觀，為著名的觀葉、觀果植物。海桐抗二氧化硫等有害氣體的能力強，為環保樹種，用作海岸防潮林、防風林及廠礦區綠化樹種，並適宜作為城市隔噪聲和防火林帶樹種。

錦熟黃楊

Buxus sempervirens Linn.
黃楊科黃楊屬

花期 4 月 / 果期 7 月

植物學特徵　常綠灌木或小喬木。小枝密集，四稜形，具柔毛。葉橢圓形至卵狀長橢圓形，先端鈍或微凹，全緣，表面深綠色，有光澤。花簇生葉腋，淡綠色，花藥黃色。蒴果三腳鼎狀，熟時黃褐色。

園林應用　枝葉茂密，葉厚有光澤，可作綠籬或佈置成花壇、盆景，也可孤植、叢植在草坪、建築周圍、路邊，也可點綴山石。對多種有毒氣體抗性強，能淨化空氣，是工礦區綠化的重要材料。

大葉黃楊

Buxus megistophylla Levl.
黃楊科黃楊屬

花期 6～7月 / 果期 9～10月

植物學特徵 常綠灌木或小喬木。小枝近四稜形。單葉對生，葉片厚革質，倒卵形，先端鈍尖，邊緣具細鋸齒，基部楔形或近圓形。聚傘花序腋生。蒴果扁球形，淡紅色。種子棕色，有橙紅色假種皮。

園林應用 大葉黃楊是優良的園林綠化樹種，可栽植綠籬及背景種植材料，也可單株栽植在花境內，將它們修剪成低矮的巨大球體，相當美觀，更適用於規則式的對稱配植。

知識拓展 別名萬年青、大葉衛矛、冬青衛矛。由於長期栽培，葉形大小及葉面斑紋等發現變異，有多數園藝變種，如金邊黃楊、銀邊黃楊等。

香椿

Toona sinensis (A. Juss.) Roem
楝科香椿屬

花期 6～8 月 / 果期 10～12 月

植物學特徵　落葉喬木。葉呈偶數羽狀複葉。圓錐花序，兩性花，白色，雌雄異株。蒴果，種子翅狀。

園林應用　香椿為華北、華中、華東等地低山丘陵或平原地區的重要用材樹種，又為觀賞及行道樹種。園林中配植於疏林，作上層骨幹樹種，其下栽以耐陰花木。

知識拓展　古代稱香椿為椿，稱臭椿為樗。香椿樹的嫩芽被稱為「樹上蔬菜」。每年春季穀雨前後發芽，可做成各種菜餚。不僅營養豐富，且具有較高的藥用價值。早在漢朝，食用香椿曾與荔枝一起作為南北兩大貢品，深受皇上及宮廷貴人的喜愛。蘇軾盛讚：「椿木實而葉香可啖。」一般人群都可以食用香椿，但香椿為發物，慢性疾病患者應少食或不食。

臭椿

Ailanthus altissima (Mill.) Swingle
苦木科臭椿屬

花期 4～5 月 / 果期 8～10 月

植物學特徵 落葉喬木。樹皮灰白色或灰黑色，平滑，稍有淺裂紋。奇數羽狀複葉，小葉卵狀披針形，基部偏斜，中上部全緣，近基部有 1～2 對粗鋸齒，齒頂有腺點，有臭味。圓錐花序頂生。翅果長橢圓形。種子位於翅的中間，扁圓形。

園林應用 臭椿樹幹通直高大，春季嫩葉紫紅色，秋季紅果滿樹，頗為美觀，是良好的觀賞樹和行道樹。在園林中，常用臭椿作紅葉椿的砧木。

近似種辨識	臭椿	香椿
	苦木科臭椿屬	楝科香椿屬
	奇數羽狀複葉，近基部有 1～2 對粗鋸齒，齒頂有圓盤形腺點	偶數羽狀複葉
	葉有異臭	葉有濃香
	樹幹表面較光滑，不裂	呈條塊狀剝落
	翅果	蒴果

羅漢松

Podocarpus macrophyllus (Thunb.) Sweet
羅漢松科羅漢松屬

花語 吉祥，招財，長壽。

花期 4～5月 / 果期 8～9月

植物學特徵　常綠喬木，通常會修剪以保持低矮。葉為線狀披針形，全緣，有明顯中肋，螺旋互生。雄花圓柱形，3～5個簇生在葉腋，雌花單生在葉腋。種托大於種子，種托成熟呈紅紫色，球果上鱗片在種子成熟時發育為紫紅色，假種皮形似漿果。

園林應用　滿樹紫紅點點，頗富奇趣。適合孤植作庭蔭樹，或對植、孤植於廳、堂前。特別適用於海岸美化及工廠綠化等。短葉小羅漢松因葉小枝密，製作盆栽或一般綠籬用，很美觀。矮化及斑葉品種是作樁景、盆景的極好材料。

知識拓展　傳說古印度的龍王用洪水淹沒那竭國之後，將佛經藏於龍宮之中。後來釋迦牟尼的「十大弟子」之一迦葉尊者降伏了作妖的龍王，取回佛經立了大功，故被奉為「降龍羅漢」。降龍羅漢歷經1420年的修煉，始終未能修成正果。經觀音大士指點，下凡普渡眾生，了結塵緣，終得正果。在入定前，佛陀傳兩株扶持正法的松樹於傳衣寺門前，代替降龍羅漢永駐世間。深受降龍羅漢恩惠的凡人們，便將其命名為「羅漢松」。

非洲茉莉

Fagraea ceilanica Thunb.
馬錢科灰莉屬

花語　樸素自然，清淨純潔。

花期 4～8月　/　果期 7月至翌年3月

植物學特徵　常綠灌木或小喬木。葉對生，橢圓形，先端突尖，全綠，革質。夏季開花，傘形花序，花冠長管狀，五裂，白色，蠟質。

園林應用　適用於盆栽、蔓籬或蔭棚，分枝茂密，枝葉均為深綠色，花大而芳香，花形優雅，觀賞價值很高。盆栽種植用於家庭、商場、旅館、辦公室等室內綠化美化裝飾。

知識拓展　非洲茉莉原產於中國南部及東南亞等國，原名華灰莉木。由於華灰莉木的諧音與茉莉相似，也為了使名字好聽，便於銷售，所以花商給它取了個新名字「非洲茉莉」。

廣玉蘭

Magnolia grandiflora L.
木蘭科木蘭屬

花期 5～8月 / 果期 9～10月

植物學特徵 常綠喬木。樹皮淡褐色或灰色，薄鱗片狀開裂；芽和小枝有鏽色柔毛。葉厚革質，倒卵狀長橢圓形，葉面深綠色，有光澤，葉背有鐵鏽色短柔毛。花白色，有芳香，花被9～12片。聚合果圓柱狀，蓇葖背裂；種子紅色。

園林應用 在園林應用中，將廣玉蘭與紅葉李間植，並配以桂花、海桐球等，在空間上有層次感，色相上有豐富感，能夠產生一種和諧的韻律感和美感。其對二氧化硫等有毒氣體有較強抗性，可用於淨化空氣，保護環境。適合孤植在寬廣開闊的草坪上或配植成觀賞的樹叢。

知識拓展

廣玉蘭，別名洋玉蘭、荷花玉蘭。四季常青，葉厚而有光澤，花大而香，其聚合果成熟後，蓇葖開裂，露出鮮紅色的種子，頗為美觀。北京大覺寺、頤和園、碧雲寺等處均配植於古建築間，與西式建築也極為協調，故在西式庭院中較為適用。

鵝掌楸

Liriodendron chinense（Hemsl.）Sarg.
木蘭科鵝掌楸屬

花語　承諾，信用。

花期 5 月 ／ 果期 9～10 月

植物學特徵　落葉喬木。葉呈馬褂狀，兩側中下部各具 1 較大裂片。花杯狀，花被片 9 片，外輪綠色，萼片狀，向外彎垂，內 2 輪直立，花瓣狀，側卵形，綠色。聚合果。

園林應用　花大而美麗，是珍貴的行道樹和庭院觀賞樹種。它生長快，耐旱，對病蟲害抗性極強，栽種後能很快成蔭，亦可作庭蔭樹和行道樹。對二氧化硫等抗性中等，可在大氣汙染較嚴重的地區栽植。

知識拓展　鵝掌楸又名馬褂木，英文名「Chinese Tulip Tree」，意為「中國的鬱金香樹」。鵝掌楸是古老的孑遺植物，化石證據表明在中生代白堊紀時的日本、格陵蘭島、意大利、法國有該屬植物的分佈，到新生代第三紀時鵝掌楸屬植物還有 10 餘種，廣布於北半球溫帶地區，而經歷了第四紀的冰期之後，該屬大部分植物都滅絕了，只有兩種存活下來，即鵝掌楸及北美鵝掌楸。

發財樹

Pachira macrocarpa
木棉科瓜栗屬

花期 4～5 月 / 果期 9～10 月

植物學特徵　常綠喬木，掌狀複葉。花瓣條裂，花色有紅、白或淡黃，色澤豔麗。

園林應用　庭院或室內當作裝飾盆栽，由於其耐陰性強，種植在室內等光線較差的環境下亦能生長，加上其外形優雅，稍加裝飾就成為人見人愛的發財樹，因此更成為逢年過節居家擺飾的寵兒。

女貞

Ligustrum Lucidum Ait.
木樨科女貞屬

花期 6～7月 / 果期 10～12月

植物學特徵
灌木或小喬木。樹皮灰褐色，疏生圓形皮孔。葉片革質，卵狀披針形或長卵形。圓錐花序疏鬆，頂生或腋生。果橢圓形或近球形，常彎生，藍黑色或黑色，有白粉。

園林應用
樹冠圓整優美，樹葉清秀，四季常綠，夏日白花滿樹，秋季碩果纍纍，是一種很有觀賞價值的園林樹種。其葉片大，阻滯塵土能力強，能淨化空氣，改善空氣品質，對多種有毒氣體抗性較強，且適應性強，可作為工礦區的抗汙染樹種。可孤植、叢植於庭院草地觀賞，也是優美的行道樹和園路樹。耐修剪，可作為高籬，也可修剪成綠牆。

知識拓展
木材帶白色，紋理緻密，容易加工，適合作為細木工用材，是製烙花筷原料之一。

桂花

Osmanthus fragrans
木樨科木樨屬

花語 崇高，美好，吉祥，友好，忠貞之士和芳直不屈，仙友，仙客。

花期 9月至10月上旬 / **果期** 翌年3月

> 昨夜西池涼露滿，桂花吹斷月中香。
> ——唐 李商隱

植物學特徵　常綠喬木或灌木。葉片革質，橢圓形、長橢圓形或橢圓狀披針形。聚傘花序簇生於葉腋，花冠黃白色、淡黃色、黃色或橘紅色。

園林應用　葉茂而常綠，樹幹端直，樹冠圓整，四季常青，花期正值仲秋，香飄數里，是人們喜愛的傳統園林花木。於庭前對植兩株，即「兩桂當庭」，是傳統的配植手法。園林中常將桂花植於道路兩側，假山、草坪、院落等地也多有栽植，形成「桂花山」、「桂花嶺」，秋末濃香四溢，香飄十里，也是極好的景觀；與秋色葉樹種同植，有色有香，是點綴秋景的極好樹種。淮河以北地區常桶栽、盆栽，佈置會場、大門。

知識拓展　據文字記載，中國桂花樹栽培歷史達 2500 年以上。春秋戰國時期的《山海經·南山經》提到招搖之山多桂。《山海經·西山經》提到皋塗之山多桂木。屈原的《九歌》記有「操余弧兮反淪降，援北斗兮酌桂漿。」《呂氏春秋》中盛讚：「物之美者，招搖之桂。」詩仙李白讚美桂花在瑟瑟秋風中展現獨有的蔥鬱與芬芳：「安知南山桂，綠葉垂芳根。清陰亦可托，何惜樹君園。」由此可見，自古以來，桂花就受人喜愛。

七葉樹

Aesculus chinensis Bunge
七葉樹科七葉樹屬

花語　生意興隆，財源滾滾。

花期 5 月　/　果期 9～10 月

植物學特徵　落葉喬木。小葉 5～7 枚，倒卵狀長橢圓形至長橢圓狀倒披針葉形，葉緣具細齒。花序圓筒形，花雜性，白色。蒴果球形或倒卵形，黃褐色，密生皮孔。

園林應用　樹幹聳直，樹形優美、冠大蔭濃，初夏繁花滿樹，碩大的白色花序又似一盞華麗的燭臺，花大秀麗，果形奇特，是觀葉、觀花、觀果不可多得的樹種，蔚然可觀，是優良的行道樹和園林觀賞植物，為世界著名的觀賞樹種之一。可作人行步道、公園、廣場綠化樹種，既可孤植也可群植，或與常綠樹和闊葉樹混種。

知識拓展

七葉樹的果實含有大量皂角苷,即七葉樹素,是破壞紅血球的有毒物質,但有的動物如鹿和松鼠可以抵禦這種毒素,能食用七葉樹的果實。有人用它們的果實磨粉毒魚。加州七葉樹的花蜜中也含有毒素,會造成某些蜜蜂種類中毒,但當地土生的蜜蜂可以抵禦這種毒素。這種毒素不耐高溫,經蒸煮後種子中的澱粉可以被食用。中國七葉樹的種子是一種中藥,名為娑羅子,所以有時中國七葉樹也被稱為娑羅樹。

火炬樹

Rhus typhina L.
漆樹科鹽麩木屬

花期 6～7 月 / 果期 9～10 月

植物學特徵　落葉小喬木。奇數羽狀複葉。圓錐花序頂生，密生茸毛；花淡綠色，雌花花柱有紅色刺毛。核果，深紅色，密生茸毛，花柱宿存，密集成火炬形。

園林應用　果實9月成熟後經久不落，秋後樹葉會變紅，十分壯觀。火炬樹樹葉繁茂，表面有茸毛，能大量吸附大氣中的浮塵及有害物質，牛羊不食其葉片，不受病蟲危害。火炬樹廣泛應用於人工林營建、退化土地恢複和景觀建設，主要用於荒山綠化兼鹽鹼荒地風景林樹種。

知識拓展　果扁球形，有紅色刺毛，緊密聚生成火炬狀，因此得名火炬樹。火炬樹繁殖速度快，三五年的火炬樹，樹苗就可以蔓延到 30～100 公尺的範圍，在具有獨特優良特性的同時，也存在嚴重的潛在危害，被列為外來入侵植物。

清香木

Pistacia weinmannifolia
漆樹科黃連木屬

花期 春末夏初 / 果期 8～10月

植物學特徵 常綠灌木或小喬木。葉為偶數羽狀複葉，有小葉4～9對，嫩葉呈紅色。花葉同放，花序被黃褐色柔毛及紅色腺毛。核果球形，呈紅色。

園林應用 清香木生長習性及栽培特點與黃連木十分相近，氣味清香，樹形美觀，可用於花園灌木及切枝，開發前景廣闊。

知識拓展 清香木葉可提芳香油，民間常用葉碾粉製「香」。葉及樹皮供藥用，有消炎解毒、收斂止瀉之效。它的葉子曬乾以後可以做成枕芯，不僅好聞，還能幫助人們安神助眠，可以說渾身都是寶。

黃櫨

Cotinus coggygria Scop.
漆樹科黃櫨屬

花期 5～6月 / 果期 7～8月

植物學特徵 落葉小喬木。樹汁有異味，木質部黃色。單葉互生，葉片全緣或具齒。圓錐花序疏鬆、頂生，花小、雜性，被羽狀長柔毛，宿存。

園林應用 可以應用在城市街頭綠地，單位專用綠地、居住區綠地以及庭院中，適合孤植或叢植於草坪一隅、山石之側、常綠樹樹叢前或單株混植於其他樹叢間以及常綠樹群邊緣，從而體現其個體美和色彩美。

知識拓展

黃櫨花後久留不落的不孕花花梗呈粉紅色羽毛狀，在枝頭形成似雲似霧的景觀，遠遠望去，宛如萬縷羅紗繚繞樹間，歷來被文人墨客比作「疊翠煙羅尋舊夢」和「霧中之花」，故黃櫨又有「煙樹」之稱。夏賞「紫煙」，秋觀紅葉，極耐瘠薄，使其成為石灰岩營建、水土保持林和生態景觀林的首選樹種。

美國紅楓

Acer rubrum L.
槭樹科槭屬

花期 3～4月 / 果期 10月

植物學特徵

落葉大喬木。莖光滑,有皮孔,通常為綠色,冬季常變為紅色;新樹皮光滑,淺灰色;老樹皮粗糙,深灰色,有鱗片或皺紋。單葉對生,葉片3～5裂,手掌狀。先花後葉,花為紅色,稠密簇生,少部分微黃色。果實為翅果,多呈微紅色,成熟時變為棕色。

園林應用

美國紅楓是歐美經典的彩色行道樹,葉色鮮紅美麗,株型直立向上,樹冠呈橢圓形或圓形,開張優美,在園林綠化中被廣泛應用。

近似種辨識

美國紅楓	日本紅楓
落葉喬木	灌木或喬木類
葉片呈手掌狀,分3～5裂,部分樹葉的表面有白色茸毛,葉色偏綠色,春季新葉偏紅色,經長時間的光照後,這些新葉變老後會變綠	葉片為掌狀5～7深裂,單葉互生,葉片靠近枝幹的位置偏圓,另一端偏尖。春、夏、秋三季葉片都是鮮豔的紅色

五角楓

Acer mono
槭樹科槭屬

花語　清廉之風，浩然正氣。

花期 5月 / 果期 9月

植物學特徵

落葉喬木。葉紙質，基部截形或近於心臟形，常 5 裂。花多數，雄花與兩性花同株，多頂生圓錐狀傘房花序，生於有葉的枝上，花的開放與葉的生長同時，淡白色。翅果嫩時紫綠色，成熟時淡黃色，小堅果壓扁狀。

園林應用

樹形優美，葉、果秀麗，入秋葉色變為紅色或黃色，宜作綠地及庭院綠化樹種，與其他秋色葉樹種或常綠樹配植，彼此襯托掩映，可增加秋景色彩之美。也可用作庭蔭樹、行道樹或防護林。

知識拓展

五角楓是一種名貴樹種，別的楓樹葉片多為三裂，而科爾沁草原上的楓葉為五裂，故被當地人稱為五角楓。它不僅極具觀賞性，而且整樹都是寶，並且具有十分重要的生態作用，是東方白鸛、金鵰等珍禽棲息繁殖的場所。

雞爪槭

Acer palmatum Thunb.
槭樹科槭屬

花期 5～9月 / 果期 5～9月

植物學特徵　落葉小喬木。葉掌狀，常 5～7 深裂，密生尖鋸齒。後葉開花，花紫色，雄花與兩性花同株。幼果紫紅色，熟後褐黃色，果核球形，兩翅成鈍角。

園林應用　雞爪槭可作為行道樹和觀賞樹栽植，是較好的四季綠化樹種。雞爪槭也是園林中名貴的觀賞鄉土樹種。在園林綠化中，常用不同品種配植在一起，形成色彩斑斕的槭樹園；也可在常綠樹叢中配植，營造「萬綠叢中一點紅」景觀；植於山麓、池畔，以顯其瀟灑、婆娑的綽約風姿；配以山石，別具古雅之趣。

知識拓展　雞爪槭最引人注目的觀賞特性是葉色富於季相變化。春季雞爪槭葉色黃中帶綠，呈現出暖色系特徵，活躍明朗又輕盈。夏季雞爪槭葉色轉為深綠，呈現出冷色系特徵，給炎炎夏日帶來清涼，觀賞效果遜於春秋兩季。秋季是雞爪槭觀賞性最佳季節，《花經》云：「楓葉一經秋霜，雜盾常綠樹中，與綠葉相襯，色彩明媚。」進入冬季，雞爪槭葉片全部落光，部分枝條殘留枯萎的葉片和果實。

石楠

Photinia serratifolia (Desf.) Kalkman
薔薇科石楠屬

花期 6～7月 / 果期 10～11月

> 寒日吐丹豔，頹子流細珠。
> 鴛鴦花數重，翡翠葉四鋪。
> ——唐 孟郊

植物學特徵 常綠灌木或中型喬木。葉片翠綠色，具光澤，早春幼枝嫩葉為紫紅色，老葉經過秋季後部分出現赤紅色。複傘房花序頂生，花瓣白色，近圓形，花藥帶紫色。果實球形，紅色，後呈褐紫色。

園林應用 枝繁葉茂，夏季密生白色花朵，秋後鮮紅果實綴滿枝頭；枝條能自然發展成圓形樹冠，根據園林需要，可修剪成球形或圓錐形等不同的造型。在園林中孤植或基礎栽植均可，是一個觀賞價值極高的樹種。

紫葉矮櫻

Prunus × *cistena*
薔薇科李屬

花期 4～5月 / 果期 9～11月

植物學特徵　落葉灌木或小喬木。枝條幼時紫褐色，通常無毛，老枝有皮孔，分佈整個枝條。葉長卵形或卵狀長橢圓形，先端漸尖，葉面紅色或紫色，背面色彩更紅，新葉頂端鮮紫紅色，當年生枝條木質部紅色。花單生，中等偏小，淡粉紅色，花瓣5枚，微香。

園林應用　觀葉植物新品種，在園林綠化中應用廣泛，全年葉呈紫色，雖似紫葉李，但株形矮小，因此既可作為城市彩籬或色塊整體栽植，也可單獨栽植，是綠化美化城市的極佳樹種之一。

紫葉李

Prunus cerasifera "Atropurpurea"
薔薇科李屬

花期 3～4 月 / 果期 8 月

植物學特徵

落葉小喬木。樹皮灰紫色；小枝紅褐色，芽外被紫紅色芽鱗。葉片卵形、橢圓形或倒卵形，邊緣有鋸齒，紫紅色。花瓣淡粉紅色，雄蕊多數。核果近球形，熟時暗紅色，微有蠟粉。

園林應用

嫩葉鮮紅，老葉紫紅，尤其是紫色發亮的葉子，在綠葉叢中，像一株株永不凋謝的花朵，為著名觀葉樹種，與其他樹種搭配，紅綠相映成趣，孤植群植皆宜，能襯托背景，適合在廣場、行道、草坪角隅栽植。

近似種辨識

紫葉矮櫻	紫葉李
小喬木或落葉灌木，幼時枝條為紫褐色，無毛，老枝有皮孔	喬木，枝條為暗灰色，小枝紅褐色
葉片為長卵形或卵狀長橢圓形，葉面為紅色或紫色，葉背面的顏色更紅，新葉頂端為鮮紫紅色	葉片為卵形、橢圓形或倒卵形，很少為橢圓狀披針形，葉面為深綠色，葉背面的顏色較淡
花色為淡粉紅色，花期在 4～5 月	花色為白色或粉色，花期在 3～4 月

美人梅

Prunus × *blireana* "Meiren"
薔薇科李屬

花期 3～4 月

> 曲盡江流換馬裘，
> 美人梅下引風流。
> 蘭舟未解朱顏緊，
> 幽怨難辭釵鳳留。
> ——唐 李億

植物學特徵　落葉小喬木或灌木。葉片紫紅色，卵狀橢圓形。花粉紅色，花具紫色長梗，常呈垂絲狀，先花後葉，重瓣花，萼筒寬鐘狀，萼片 5 枚，近圓形至扁圓形，雄蕊輻射，花絲淡紫紅色；花有香味，但非典型梅香。

園林應用　屬梅花類，由重瓣粉型梅花與紅葉李雜交而成，是陳俊愉教授從美國引進的彩葉觀花樹種。美人梅作為梅中稀有品種，不僅在於其花色美觀，而且還可觀賞枝條和葉片，一年四季枝條紅色，亮紅的葉色和美麗的枝條給少花的季節增添了一道亮麗的風景。成長葉和枝條終年鮮紫紅色，能抗 -30℃的低溫。

橡皮樹

Ficus elastica
桑科榕屬

花語 穩重，誠實，信任。

花期 冬季

植物學特徵
常綠喬木。葉片較大，厚革質，有光澤，圓形至長橢圓形；葉面暗綠色，葉背淡綠色，初期包於頂芽外，新葉伸展後托葉脫落，並在枝條上留下托葉痕。其花葉品種在綠色葉片上有黃白色的斑塊，更為美麗。

園林應用
觀賞價值較高，是著名的盆栽觀葉植物。中小型植株常用來美化客廳、書房；中大型植株適合佈置在大型建築物的門廳兩側及大堂中央，顯得雄偉壯觀，可體現熱帶風光。在去除室內煙霧方面具有獨特的功能，能有效去除懸浮在空氣中的煙霧顆粒，淨化空氣。

水杉

Metasequoia glyptostroboides
杉科水杉屬

花期 4～5月 / 果期 10～11月

植物學特徵　喬木。樹幹基部常膨大；枝斜展，小枝下垂。葉條形，羽狀，冬季與枝一同脫落。球果下垂，成熟前綠色，熟時深褐色。

園林應用　「活化石」樹種，是秋葉觀賞樹種。在園林中最適合列植，也可叢植、片植，可盆栽，也可成片栽植營造風景林，並適配常綠地被植物。水杉對二氧化硫有一定的抵抗能力，是工礦區綠化的優良樹種。

知識拓展　水杉是世界上珍稀的孑遺植物，也是中國國家一級保護植物。遠在中生代白堊紀，地球上已出現水杉類植物，並廣泛分佈於北半球。冰期以後，這類植物幾乎全部絕跡。水杉有「活化石」之稱，它對於古植物、古氣候、古地理和地質學，以及裸子植物系統發育的研究均有重要意義。

腎蕨

Nephrolepis cordifolia (Linnaeus) C.Presl
腎蕨科腎蕨屬

植物學特徵

多年生草本植物。根狀莖具主軸，具有匍匐莖。根狀莖和主軸上密生鱗片。葉披針形，一回羽狀全裂，羽片基本不對稱，淺綠色，近草質。孢子囊群生於側脈上方的小脈頂端，孢子囊群蓋為腎形。

園林應用

四季常青，葉形秀麗挺拔，葉色翠綠光滑，是製作花籃和插花極好的配葉材料。由於耐陰，養護方便，為人們喜愛的室內觀葉植物，可陳設於幾架、案臺等處。

知識拓展

腎蕨不僅為世界各地普遍栽培的觀賞蕨類，還是傳統的中藥材，以全草和塊莖入藥，全年均可採收。

柿

Diospyros kaki Thunb.
柿科柿屬

花期 5～6月 / 果期 9～10月

> 柿葉滿庭紅顆秋，薰爐沉水度春籌。
> 松風夢與故人遇，自駕飛鴻跨九州。
> ——宋 蘇軾

植物學特徵 落葉小喬木。枝開展，散生縱裂的長圓形或狹長圓形皮孔。葉紙質，卵狀橢圓形至倒卵形或近圓形，通常較大。雌雄異株，花序腋生，聚傘花序，花冠鐘狀，黃白色，花萼綠色，有光澤。

園林應用 柿樹壽命長，可達 300 年以上。葉大蔭濃，秋末冬初，霜葉染成紅色，冬季落葉後，果實殷紅不落，一樹滿掛纍纍紅果，增添優美景色，是優良的風景樹。在園林中孤植於草坪或曠地，列植於街道兩旁，尤為壯觀。

雪松

Cedrus deodara (Roxb.vex D. Don) G. Don
松科雪松屬

花語　高尚純潔，象徵人生積極向上、不屈不撓的精神。

花期 10～11月　/　果期 翌年10月

> 大雪壓青松，青松挺且直。
> 要知松高潔，待到雪化時。
> ——現代 陳毅

植物學特徵　喬木。枝平展、微斜展或微下垂，小枝常下垂。葉在長枝上輻射伸展，短枝之葉呈簇生狀，葉針形，堅硬。雄球花長卵圓形或橢圓狀卵圓形，雌球花卵圓形。球果成熟前淡綠色，微有白粉，熟時紅褐色，卵圓形或寬橢圓形。

園林應用　樹體高大，樹形優美，是世界著名的庭院觀賞樹種之一。其主幹下部的大枝自近地面處平展，長年不枯，能形成繁茂雄偉的樹冠，適合孤植於草坪中央、建築前庭中心、廣場中心或主要建築物的兩旁及園門的入口等處，列植於園路的兩旁，也極為壯觀。它具有較強的防塵、減噪與殺菌能力，也適合作工礦企業綠化樹種。

金錢松

Pseudolarix amabilis (J. Nelson) Rehd.
松科金錢松屬

花期 4 月 / 果期 10 月

植物學特徵　喬木。樹幹通直，樹皮粗糙，灰褐色，裂成不規則的鱗片狀塊片。枝平展，樹冠寬塔形；一年生長枝淡紅褐色或淡紅黃色，無毛，有光澤，二、三年生枝淡黃灰色或淡褐灰色，葉條形，柔軟，鐮狀或直，秋後葉呈金黃色。

園林應用　樹姿優美，葉在短枝上簇生，輻射平展成圓盤狀，似銅錢，深秋葉色金黃，極具觀賞性。該樹為珍貴的觀賞樹木之一，與南洋杉、雪松、金松和北美紅杉合稱為世界五大公園樹種。可孤植、叢植、列植，可用作風景林。

知識拓展　寧波章水鎮茅鑊村裡有一株高聳如參天之勢的千年金錢松，曾「死裡逃生」過多次。樹旁立有禁砍碑，落款是在清道光年間 1849 年——它已保了「參天金松」免死金身 170 多年。

白皮松

Pinus bungeana Zucc.ex Endl.
松科松屬

花期 4～5月 / 果期 翌年 10～11月

植物學特徵 喬木。幼樹樹皮光滑，灰綠色，長大後樹皮裂成不規則的薄塊片脫落，露出淡黃綠色的新皮，老樹皮呈淡褐灰色或灰白色，裂成不規則的鱗狀塊片脫落，脫落後近光滑，露出粉白色的內皮。針葉，3針一束。雄球花卵圓形或橢圓形，多數聚生於新枝基部，呈穗狀。

園林應用 樹姿優美，樹皮奇特，可供觀賞。白皮松在園林配植上用途十分廣泛，孤植、列植均具高度觀賞價值。樹皮斑駁美觀，針葉短粗亮麗，既是一個不錯的園林綠化傳統樹種，又是一個適應範圍廣、能在鈣質土壤和輕度鹽鹼地生長良好的常綠針葉樹種。

知識拓展

北京戒台寺的白皮松植於唐武德年間，樹齡約 1400 年，樹冠高達 18 公尺，有 9 條銀白色大幹，呼為「九龍松」。據說它是中國樹齡最長的白皮松。山東曲阜顏廟的白皮松據說也是唐代栽植，樹齡已有千年以上。陝西西安市長安區湖村小學（唐代溫國寺舊址）的白皮松樹齡為 1020 年以上。

北京北海公園團城承光殿前的一株白皮松，雖樹齡不滿千年，但因受過皇封，亦非常有名。它植於金代，樹齡為 800 多年。乾隆皇帝因其像守護團城的勇士，特封它為「白袍將軍」。

五彩千年木

Dracaena reflexa var. *angustifolia* Baker
天門冬科龍血樹屬

花語　青春永駐，清新悅目。

花期　11月至翌年3月

植物學特徵　小喬木。樹幹直立，莖幹圓直，樹節緊密。葉片細長，新葉向上伸長，老葉垂懸。葉片中間綠色，邊緣有紫紅色條紋。

園林應用　彩色的葉面非常漂亮。葉片與根部能吸收二甲苯、甲苯、三氯乙烯、苯和甲醛，並將其分解為無毒物質。可用於庭院地被美化，也可室內觀賞或插花。

金心也門鐵

Draceana arborea
天門冬科龍血樹屬

花語　珍惜愛，喜歡一樣東西，就要學會欣賞它，珍惜它，使它更彌足珍貴。

花期 6～8月

植物學特徵　常綠喬木。株形整齊，莖幹挺拔。葉簇生於莖頂，葉緣鮮綠色，具波浪狀起伏，有光澤，葉片中央有一金黃色寬條紋。

園林應用　株形美觀大方，葉色鮮亮，可以裝飾大廳。能吸附室內的甲醛、苯等有害氣體。

文竹

Asparagus setaceus (Kunth) Jessop
天門冬科天門冬屬

花語　象徵永恆，朋友純潔的心，永遠不變。

花期 7～8月　/　果期 12月至翌年 2月

植物學特徵　根部稍肉質。莖柔軟叢生，伸長的莖呈攀緣狀，主莖上的鱗片多呈刺狀。平常見到綠色的葉其實不是真正的葉，而是葉狀枝，真正的葉退化呈鱗片狀，淡褐色，著生於葉狀枝的基部；葉狀枝纖細而叢生，呈三角形水平展開羽毛狀。花小，兩性，白綠色。

園林應用　蔥蘢蒼翠，似碧雲重疊，文靜優美，常作為溫室盆栽觀葉植物，擺設盆花時用於陪襯，也可用於室內觀葉植物佈置，或作切葉材料。

春羽

Thaumatophyllum bipinnatifidum
天南星科鵝掌芋屬

> 花語　輕鬆，快樂，幸福，積極向上，也代表友誼天長地久。

植物學特徵　多年生常綠草本植物。有氣生根。葉片羽狀分裂，羽片再次分裂，有平行而顯著的脈紋。花單性，佛焰苞肉質，白色或黃色，肉穗花序直立，稍短於佛焰苞。

園林應用　用於盆栽佈置旅館、飯店的廳堂、室內花園、走廊、辦公室等。溫暖地區也可附生於樹上生長或作為地被栽培。

小天使鵝掌芋

Thaumatophyllum xamadu
天南星科鵝掌芋屬

花語　寧靜思遠。

植物學特徵　多年生常綠植物。葉片長橢圓形，葉緣波狀並有 5～6 對羽狀淺裂，嫩葉具有玫紅色葉鞘，新葉長出後脫落。

園林應用　用於盆栽佈置旅館、飯店的廳堂、室內花園、走廊、辦公室等。

龜背竹

Monstera deliciosa Liebm.
天南星科龜背竹屬

花語 健康長壽。

花期 8～9月

植物學特徵 半蔓型，莖粗壯，節多似竹，故名龜背竹。莖上生有長而下垂的褐色氣生根，可攀附他物向上生長。葉厚革質，互生，暗綠色或綠色；幼葉心臟形，沒有穿孔，長大後葉呈矩圓形，具不規則羽狀深裂，自葉緣至葉脈附近孔裂，如龜甲圖案。花形如佛焰，淡黃色。

園林應用 葉常年碧綠，莖粗壯，節上有較大的新月形葉痕，生有索狀肉質氣生根，極耐陰，是有名的室內大型盆栽觀葉植物。常以中小盆種植，置於室內客廳、臥室和書房的一隅；也可以大盆栽培，置於旅館、飯店大廳及室內花園的水池邊和大樹下，頗具熱帶風光。

知識拓展 龜背竹葉形奇特，孔裂紋狀，極像龜背。莖節粗壯又似羅漢竹，深褐色氣生根，縱橫交錯，形如電線。龜背竹汁液有毒，對皮膚有刺激和腐蝕作用。

巢蕨

Asplenium nidus L.
鐵角蕨科巢蕨屬

花語 瀟灑飄逸，清香長綠。

植物學特徵 根狀莖直立，粗短，木質，深棕色。葉簇生，葉片闊披針形，葉邊全緣並有軟骨質的狹邊，乾後略反捲，主脈兩面均隆起，暗棕色，光滑。

園林應用 又名鳥巢蕨，為較大型的陰生觀葉植物，懸吊於室內也別具熱帶情調，常植於熱帶園林樹木下或假山岩石上，盆栽的小型植株用於佈置明亮的客廳、會議室及書房、臥室。

> **知識拓展**

傳說，在春季的時候，花娘娘帶著她的孩子牡丹、荷花、菊花、蠟梅和山蘇花（巢蕨）來到世間，告訴她們要開出最美麗的花來，於是牡丹、荷花、菊花和蠟梅都爭先恐後地開放，希望可以開出世界上最美麗的花朵，可是山蘇花卻沒有這個心思，她只想著沒必要搶著開花，反正早開還是晚開都是一樣的。

在花中的姐妹裡，牡丹是優勝者，她在春光明媚的時候開放，開出一朵朵鮮紅的、雪白的鮮豔花朵。在夏季，荷花開放了美麗的花朵。秋天到了，秋高氣爽，天高雲淡，菊花開了。可是到了冬天，天氣寒冷，只有蠟梅在風雪中綻放。一年又一年過去了，山蘇花一直沒找到合適的時機開放，至今我們都沒看到山蘇花的花朵。

膠東衛矛

Euonymus fortunei
衛矛科衛矛屬

花期 8～9月 / 果期 9～10月

植物學特徵　直立或蔓性半常綠灌木。小枝圓形。葉片近革質，邊緣有粗鋸齒。聚傘花序二歧分枝，花淡綠色。蒴果扁球形，粉紅色。種子包有黃紅色的假種皮。

園林應用　幹枝虯曲多姿，葉繁茂蔥蘢，可在園林中於老樹旁、岩石上和花格牆垣邊配植。

近似種辨識

膠東衛矛	冬青衛矛
株型鬆散，側枝的自然分枝點較低，基部的枝條呈匍匐狀，且能生根	株型緊湊，枝條直立性較強，側枝的自然分枝點較高
葉緣的鋸齒不明顯，手摸刺手感不明顯	葉緣細鋸齒較明顯，手摸有明顯的刺手感
果實扁球形，呈粉紅色	果實近球形，淡粉紅色

梧桐

Firmiana platanifolia (L. f.) Marsili
梧桐科梧桐屬

花語　象徵祥瑞。

花期 6 月 ／ 果期 10～11 月

植物學特徵　落葉喬木。樹皮青綠色，平滑。葉心形，掌狀 3～5 裂。圓錐花序頂生，花淡黃綠色。蓇葖果膜質。種子圓球形。

園林應用　樹幹光滑，葉大優美，是一種著名的觀賞樹種。梧桐已經被引種到歐洲、美洲等許多國家作為觀賞樹種。木材輕軟，為製木匣和樂器的良材。

知識拓展　梧桐，又稱「中國梧桐」，別名青桐、桐麻，原產中國，南北各省都有栽培。中國古代傳說鳳凰「非梧桐不棲」。在《詩經·大雅》裡，有一首詩寫道：「鳳凰鳴矣，於彼高岡。梧桐生矣，於彼朝陽。萋萋菶菶，雍雍喈喈。」意思是梧桐生長茂盛，引得鳳凰啼鳴。由於古人常把梧桐和鳳凰連繫在一起，所以今人常說：「栽下梧桐樹，自有鳳凰來。」

八角金盤

Fatsia japonica (Thunb.) Decne. et Planch.
五加科八角金盤屬

花語　八方來財，聚四方財氣，更上一層樓。

花期 10～11月 / 果期 翌年5月

植物學特徵　常綠灌木。葉大，掌狀，5～7深裂，邊緣有鋸齒或呈波狀綠色，葉柄長，基部肥厚。傘形花序集生成頂生圓錐花序，花白色。漿果球形，紫黑色，外被白粉。

園林應用　極耐陰，是極良好的常綠觀葉地被植物。

鵝掌柴

Heptapleurum heptaphyllam (L.) Y. F. Deng
五加科鵝掌柴屬

花語 自然、和諧。

花期 10～11月 / 果期 12月至翌年1月

植物學特徵　常綠半蔓生灌木。具氣生根。掌狀複葉互生，小葉5～9枚，橢圓形或倒卵狀橢圓形，全緣。圓錐花序頂生，被星狀短柔毛，花白色，芳香。漿果球形。

園林應用　四季常青，葉面光亮，適合盆栽，也可在庭院孤植。枝葉可作插花陪襯材料。

常春藤

Hedera nepalensis var. *sinensis* (Tobl.) Rehd.
五加科常春藤屬

花語　青春、希望和朝氣蓬勃。

花期 9～11月 ／ 果期 翌年 3～5月

植物學特徵　常綠攀緣藤本。莖枝有氣生根，幼枝被鏽色鱗片狀柔毛。葉互生，全緣或 3 裂。傘形花序單生或 2～7 個頂生；花小，黃白色或綠白色。果圓球形，漿果狀，黃色或紅色。

園林應用　在庭院中可用來攀緣假山、岩石，或在建築陰面作垂直綠化材料。也可盆栽供室內觀賞。

紫葉小檗

Berberis thunbergii "Atropurpurea"
小檗科小檗屬

花期 4～6月 / 果期 7～10月

植物學特徵　落葉小灌木。小枝多紅褐色，有溝槽，具短小針刺；單葉互生，葉片小，倒卵形或匙形，全緣葉，葉表暗綠，光滑無毛，背面灰綠，有白粉，兩面葉脈不顯，入秋葉色變紅。花兩性，花淡黃色。漿果長橢圓形，熟時亮紅色，具宿存花柱。

園林應用　葉色有綠、紫、金、紅等色，觀賞期長。小檗漿果橢圓形，果皮顏色有鮮紅色和紫黑色兩種，不但色彩豔麗，而且冬季落葉後可綴滿枝頭，豐富冬季園林的色彩變化，有突出的美化作用。無論是孤植還是群植都有較好的色彩效果。

知識拓展　根據品種的不同以及陽光照射的強度不同，葉片呈現出不同的色彩。紫葉小檗初春新葉呈鮮紅色，盛夏時變成深紅色，入秋後又變成紫紅色。小檗豔麗的色彩，可營造熱情奔放、喜氣洋洋的氛氣。

垂柳

Salix babylonica L.
楊柳科柳屬

花期 3～4月 / 果期 4～5月

> 依依裊裊複青青，勾引春風無限情。
> 白雪花繁空撲地，綠絲條弱不勝鶯。
> ——唐 白居易

植物學特徵　喬木。樹冠開展而疏散。樹皮灰黑色，不規則開裂；枝細，下垂。花序先葉開放，或與葉同時開放。

園林應用　春天，「翠條金穗舞娉婷」；夏天，「柳漸成蔭萬縷斜」；秋天，「葉葉含煙樹樹垂」。常植於河、湖、池邊點綴園景，柳條拂水，倒映疊疊，別具風趣，也可作庭蔭樹、行道樹、公路樹，還是固堤護岸的重要樹種。

知識拓展　佛教從東漢傳入中國後，不知從何時開始，柳樹成為民間的吉祥物，從而賦予了柳枝神性，因此在神話人物觀音菩薩的手中總是一手拿著柳枝，一手托住淨水瓶，用柳枝蘸取淨水為人間百姓遍灑甘露，祛病消災。在北魏賈思勰的《齊民要術》中更有「正月旦，取楊柳枝著戶上，百鬼不入家」的記載。可見古人迷信柳可驅鬼。

銀杏

Ginkgo biloba L.
銀杏科銀杏屬

花期 4月 / 果期 10月

> 文杏裁為梁，香茅結為宇。
> 不知棟裡雲，去作人間雨。
> ——唐　王維

植物學特徵　落葉大喬木。葉互生，扇形；在一年生長枝上螺旋狀散生，在短枝上呈簇生狀，秋季落葉前變為黃色。雄球花柔黃花序狀，下垂，雄蕊排列疏鬆。種子具長梗，下垂，常為橢圓形、長倒卵形、卵圓形或近圓球形，假種皮骨質，白色，種皮肉質，熟時黃色或橙黃色，外被白粉。

園林應用

樹體高大，樹幹通直，春夏翠綠，深秋金黃，是理想的行道樹種。銀杏適應能力強，是速生豐產林、農田防護林、護路林及「四旁」綠化的理想樹種。與松、柏、槐並列為中國四大長壽觀賞樹種。銀杏抗病蟲害，被公認為無公害樹種，是園林綠化最理想樹種之一。但體現速度較慢，小樹栽植 2 年才能有不錯的效果，大樹栽植後，需要有 3～5 年的恢復時間，才能展現其美麗的效果。

金葉榆

Ulmus pumila "Jinye"
榆科榆屬

花語　快樂，希望。

花期 3～4月 / 果期 4～6月

植物學特徵　葉片卵狀長橢圓形，金黃色，先端尖，基部稍歪，邊緣有不規則單鋸齒。葉腋排成簇狀花序，翅果近圓形，種子位於翅果中部。

園林應用　枝條萌發能力很強，樹冠比白榆更丰滿，造型更豐富。其樹幹通直，樹形高大，葉色亮黃，是喬、灌皆宜的城鄉綠化重要彩葉樹種，可用作行道樹、庭蔭樹等。早春先看到果實，比較醒目，發芽比較早，呈黃色。

孔雀竹芋

Calathea makoyana E. Morr.
竹芋科肖竹芋屬

花語　生命在於運動，願生活像孔雀一樣多姿多彩。

花期 6～7月　/　果期 7～10月

植物學特徵
多年生常綠草本。葉柄紫紅色，葉片薄革質，卵狀橢圓形，綠色葉面上隱約呈現金屬光澤，且明亮豔麗，沿中脈兩側分佈著羽狀、暗綠色、長橢圓形的茸狀斑塊，左右交互排列，葉背紫紅色。

園林應用
株形美觀，葉面顏色五彩斑斕，又具有較強的耐陰性，栽培管理較簡單，多用於室內盆栽觀賞，是世界著名的室內觀葉植物之一。在北方地區，可在觀賞溫室內栽培。大型品種可用於裝飾旅館、商場的廳堂，小型品種能點綴居室的陽臺、客廳、臥室等。

蘋果竹芋

Calathea orbifolia (Linden) H. A. Kenn.
竹芋科竹芋屬

花語　優雅標緻，清新宜人。

花期　冬季

植物學特徵　多年生常綠草本植物。根出葉，叢生狀，植株高大。葉柄為淺褐紫色，葉片圓形或近圓形，中肋銀灰色，花序穗狀。

園林應用　葉形渾圓、葉質丰腴、葉色青翠，其上排列有整齊的條紋，具有極高的觀賞價值，且較喜陰，適於較長時間在室內作為盆栽觀賞。由於其葉片碩大、株形開展，將其栽植於大型廣口花盆中，可用於佈置商場、旅館、會議室、會客廳等大型公共場所。

知識拓展　詩韻：「翠葉青枝根飾鏈，和露帶雨惹人憐。不慕顏色不爭春，只留青氣在人間。」

幸福樹

Radermachera sinica (Hance) Hemsl.
紫葳科菜豆樹屬

花語 祈福，盼富，求平安。

花期 5～9月 / 果期 10～12月

> 青青棕櫚樹，散葉如車輪。
> 擁擇交紫髯，歲剝豈非仁。
> ——宋 梅堯臣

植物學特徵 中等落葉喬木。樹皮淺灰色，深縱裂。葉對生，卵形或卵狀披針形，先端尾尖，全緣。花序直立，頂生，花冠鐘狀漏斗形，白色或淡黃色。蒴果革質，呈圓柱狀長條狀，形似菜豆。

園林應用 夏威夷的代表樹，象徵幸福、平安，所以很多人把它擺在家門前。可以將幸福的心願寫成卡片，掛在樹上。

棕櫚

Trachycarpus fortunei (Hook.) H. Wendl.
棕櫚科棕櫚屬

花期 4月 / 果期 12月

植物學特徵　常綠喬木。葉片近圓形，葉柄兩側具細圓齒。花序粗壯，雌雄異株，花黃綠色。果實闊腎形，有臍，成熟時由黃色變為淡藍色，有白粉，種子胚乳角質。

園林應用　棕櫚樹栽於庭院、路邊及花壇之中，樹勢挺拔，葉色蔥蘢，適於四季觀賞。棕櫚葉鞘為扇子形，有棕纖維，葉可製扇、帽等工藝品。棕櫚科植物以其特有的形態特徵構成熱帶植物部分特有的景觀。

袖珍椰子

Chamaedorea elegans Mart.
棕櫚科袖珍椰子屬

花期 2～3月 / 果期 10～12月

植物學特徵　常綠小灌木。葉一般著生於枝頂，羽狀全裂，裂片披針形，互生；頂端兩片羽葉的基部常合生為魚尾狀，嫩葉綠色，老葉墨綠色；葉片平展，成株葉似傘形。花黃色，呈小球狀，雌雄異株，雄花序稍直立，雌花序營養條件好時稍下垂。漿果橙黃色。

園林應用　袖珍椰子形態小巧別緻，置於室內有一番輕快、悠閒的熱帶風情。同時，它適合擺放在室內或新裝修好的居室中，能夠淨化空氣中的苯、三氯乙烯和甲醛，並有一定的殺菌功能，蒸騰作用效率高，有利於增加室內負離子濃度。另外，它還可以提高房間的濕度，有益於皮膚和呼吸健康。

知識拓展　同屬植物約 120 種，主要分佈在中美洲熱帶地區。喜高溫高濕及半陰環境。它在植物分類學上為棕櫚科常綠矮灌木或小喬木，植株矮小。英文名就是優美的意思。由於其株形酷似熱帶椰子樹，形態小巧玲瓏，美觀別緻，故得名袖珍椰子。

美麗針葵

Phoenix roebelenii O' Brien
棕櫚科棗屬

花語 勝利。

花期 4～5月 / 果期 6～9月

植物學特徵

常綠灌木。莖短粗，通常單生。葉羽片狀，初生時直立，長大後稍彎曲下垂，葉柄基部兩側有長刺，且有三角形突起；肉穗花序腋生，雌雄異株。果初時淡綠色，成熟時棗紅色。

園林應用

枝葉拱垂似傘形，葉片分佈均勻且青翠亮澤，是優良的盆栽觀葉植物。用它來佈置室內，洋溢著熱帶情調。一般中小型盆栽適合擺放在客廳、書房等處，顯得雅觀大方。

蒲葵

Livistona chinensis (Jacg.) R. Rr.
棕櫚科蒲葵屬

花語　奔放，張揚，懷念。

花期 4月 / 果期 4月

植物學特徵　常綠喬木。單幹，莖通直，有較密的環狀紋。葉掌狀中裂，圓扇形，灰綠色，向內折疊，裂片先端再二淺裂，向下懸垂，葉柄粗大，兩側具逆刺。雌雄同株，肉穗花序，稀疏分歧，小花淡黃色、黃白色或青綠色。果核橢圓形，熟果黑褐色。

園林應用　常作盆栽佈置於大廳或會客廳。在半陽樹下置於大門口或其他場所，應避免陽光直射。葉片常用來作蒲扇，樹幹可作手杖、傘柄、屋柱。

魚尾葵

Caryota maxima Blume ex Martias
棕櫚科魚尾葵屬

花語 富富有餘。

花期 5～7月 / 果期 8～11月

植物學特徵 常綠叢生喬木。樹姿優美瀟灑，葉片翠綠，葉形奇特，有不規則的齒狀缺刻，酷似魚尾。

園林應用 富含熱帶情調，是優良的室內大型盆栽樹種，適用於佈置客廳、會場、餐廳等處，羽葉可作切花配葉，深受人們喜愛。

知識拓展 魚尾葵莖含大量澱粉，可作為桄榔粉的代用品；邊材堅硬，可製作手杖和筷子等工藝品。

PART 4
地被植物

盡芳菲
身邊的花草樹木圖鑑

Flowers and Trees
in Life

玉簪

Hosta plantaginea (Lam.) Aschers.
百合科玉簪屬

花期 6～9 月

> 瑤池仙子宴流霞，醉裡遺簪幻作花。
> 萬斛濃香山麝馥，隨風吹落到君家。
> ——宋 王安石

植物學特徵　根狀莖粗厚。葉卵狀心形、卵形或卵圓形。花葶具幾朵至十幾朵花，花的外苞片卵形或披針形，有花梗。

園林應用　玉簪是較好的陰生植物，在園林中可用於樹下作地被植物，多植於岩石園或建築物北側，也可盆栽觀賞或作切花。還可三兩成叢點綴於花境中。因花夜間開放，芳香濃郁，是夜花園中不可缺少的花卉。

鬱金香

Tulipa gesneriana L.
百合科鬱金香屬

花期 3～5月

植物學特徵　多年生草本。鱗莖偏圓錐形，外被淡黃至棕褐色皮膜，內有肉質鱗片2～5片。莖葉光滑，被白粉。葉3～5枚，其中2～3枚寬廣而基生。花單生莖頂，大型，直立杯狀，洋紅色、鮮黃色至紫紅色，基部具有墨紫斑。蒴果。

園林應用　世界著名的球根花卉，還是優良的切花品種，花卉剛勁挺拔，葉色素雅秀麗，似荷花般的花朵端莊動人，惹人喜愛。在歐美視為勝利和美好的象徵，更是荷蘭、伊朗、土耳其等許多國家的國花。

知識拓展　紫色鬱金香代表無盡的愛，最愛；白色代表純潔清高的戀情；粉色代表永遠的愛；紅色代表愛的告白，喜悅，熱烈的愛意；黃色代表開朗；黑色代表神祕，高貴，獨特領袖權力，榮譽的皇冠；雙色代表美麗的你，喜相逢；羽毛色代表情意綿綿。

金魚草

Antirrhinum majus L.
車前科金魚草屬

花語　清純的心，也代表了它對於這個世界的祝福。

花期 5～6 月

植物學特徵

二年生花卉。莖直立，節不明顯，顏色深淺與花色相關。葉對生，全緣，一般葉色較深。總狀花序，小花為唇形花冠，花冠筒膨大呈囊狀，上層二裂、下層三裂，喉部往往異色；花色有紅、粉紅、黃、深紅、白及套色（雙色），有重瓣種。

園林應用

花型奇特碩大，像一條條遊動的金魚，常被用作觀賞花卉，無論地栽、盆栽或作切花都具有很強的生命力，對美化環境做出貢獻。花色豔麗迷人，有鮮紅、金黃、墨紫、純白等，多至 30 多個複色、串色品種，是製作插花的優良草本花卉。近年來，由於金魚草特殊的花姿，被廣泛應用於各種插花及花藝裝飾，是一種深受大家喜愛的直立型花材。

寶蓋草

Lamium amplexicaule L.
唇形科野芝麻屬

花期 3～5月 / 果期 7～8月

植物學特徵　一年生或二年生植物。莖四稜形，中空。上部葉無柄，葉片圓形或腎形，先端圓，基部截形或截狀闊楔形。輪傘花序，花萼管狀鐘形，花冠紫紅或粉紅色，冠筒細長，冠檐二唇形，上唇直伸，下唇稍長，3裂。小堅果倒卵圓形，具三稜，先端近截狀，淡灰黃色，表面有白色大疣狀突起。

園林應用　在園林中常應用於花境或配植於林下。

知識拓展　寶蓋草因葉子而得名，兩片葉子的形狀神似古代帝王駕車時旁邊隨從撐起的華蓋，因而得名寶蓋草。華蓋，指帝王車駕上的綢傘，傘形頂蓋。晉崔豹《古今注·輿服》：「華蓋，黃帝所作也，與蚩尤戰於涿鹿之野，常有五色雲氣，金枝玉葉，止於帝上，有花葩之象，故因而作華蓋也。」

夏至草

Lagopsis supina (Stephan ex Willd.) Ikonn.-Gal.
唇形科夏至草屬

花期 3～4月 / 果期 5～6月

植物學特徵　多年生草本。莖四稜形，具溝槽，密被微柔毛，常在基部分枝。葉脈掌狀，3深裂，葉片兩面均綠色，上面疏生微柔毛，下面沿脈被長柔毛，餘部具腺點，邊緣具纖毛。輪傘花序，花冠白色，稀粉紅色。小堅果長卵形，褐色，有鱗粃。

園林應用　雜草，生於路旁、曠地上。可作藥用植物栽培。

知識拓展　夏至草別名小益母草，有藥用價值，全草入藥，可活血、調經。治貧血性頭昏，半身不遂，月經不調。

紅花酢漿草

Oxalis corymbosa DC.
酢漿草科酢漿草屬

花語　鄰居。

花期 3～12 月　/　果期 3～12 月

植物學特徵　多年生直立草本。無地上莖，葉基生，小葉 3 枚，扁圓狀倒心形，頂端凹入，兩側角圓形；二歧聚傘花序，花瓣 5 枚，倒心形，淡紫色至紫紅色。

園林應用　植株低矮，生長整齊，花多葉繁，花期長，花色豔，覆蓋地面迅速，又能抑制雜草生長，很適合在花壇、花境及林緣大片種植。也可盆栽用來佈置廣場，同時也是庭院綠化鑲邊的好材料。

知識拓展　在歐洲，酢漿草是最常見的雜草，不管你走到什麼地方，它都會在你的視野裡，像親密的鄰居一樣。一般酢漿草只有三片小葉，偶爾會出現突變的四片小葉個體，被稱為「幸運草」；傳說，如果誰看到有四片小葉的「幸運草」，就能使願望成真。

紫葉酢漿草

Oxalis triangularis "Urpurea"
酢漿草科酢漿草屬

花期 4～11月 / 果期 4～11月

植物學特徵　多年生宿根草本。葉叢生，具長柄，掌狀複葉；小葉 3 枚，無柄，倒三角形；葉大而紫紅色。傘形花序，花瓣 5 枚，淡紅色或淡紫色。蒴果。

園林應用　珍稀的優良彩葉地被植物，用來佈置花壇，點綴景點，線條清晰，富有自然色感，是極好的盆栽和地被植物。

知識拓展　紫葉酢漿草的功效主要體現在藥用方面。將紫葉酢漿草入藥，可以清熱解毒，消腫散結，還可以用於被蟲子、蛇咬傷後的臨時處理。

紫花地丁

Viola philippica Cav.
堇菜科堇菜屬

花期 3～5 月 / 果期 4～5 月

植物學特徵　多年生草本。葉片下部呈三角狀卵形或狹卵形，上部較長，呈長圓形、狹卵狀披針形或長圓狀卵形。花紫堇色或淡紫色，喉部色較淡並帶有紫色條紋。蒴果長圓形。種子卵球形，淡黃色。

園林應用　花期早且集中。植株低矮，生長整齊，株叢緊密，便於經常更換和移栽佈置，適用於花壇或早春模紋花壇的構圖。適應性強，可作為有適度自播能力的地被植物，可大面積群植。也適合作為花境或與其他早春花卉構成花叢。

知識拓展　拿破侖傾心於紫花地丁，他的追隨者便以紫花地丁作為黨派徽記，拿破侖被流放到厄爾巴島時，發誓要在紫花地丁花開時返回巴黎。1815 年 3 月，女人們身著堇色華服，把紫花地丁花撒向皇帝的必經之路，迎接拿破侖的回歸。現今，法國的土魯斯每年在 2 月都舉辦「紫地丁節」。

芙蓉葵

Hibiscus moscheutos Linn.
錦葵科木槿屬

花語 早熟。

花期 6～8月 / 果期 7～10月

植物學特徵 落葉灌木狀。單葉互生，葉背及柄生灰色星狀毛，基部圓形，緣具梳齒。花大，有白、粉、紅、紫色。

園林應用 花朵碩大，花色鮮豔美麗。植株耐高溫濕熱的能力強，管理簡單。園林綠化中可用大型容器組合栽植，或地栽佈置花壇、花境，也可在綠地中叢植、群植。

知識拓展

隨著溫度和濕度的改變，芙蓉葵的細胞 pH 會改變，從而導致花色發生變化。因此，芙蓉葵的花色會出現早上是白色或粉紅色，中午就變成大紅色的現象，這極大增加了觀賞性。

狹葉費菜

Sedum aizoon L.
景天科景天屬

花期 6～7月 / 果期 8～9月

植物學特徵　多年生草本。根狀莖短，直立，無毛，不分枝。葉堅實，近革質，互生，葉狹長圓狀楔形或幾乎為線形，寬不到 5 毫米，邊緣有不整齊的鋸齒。聚傘花序，水平分枝，平展；花瓣 5 枚，黃色。蓇葖果呈星芒狀排列，種子橢圓形。

園林應用　株叢茂密，枝翠葉綠，花色金黃，適應性強，適用於城市中一些立地條件較差的裸露地面作綠化覆蓋。

近似種辨識

狹葉費菜	寬葉費菜	乳毛費菜
葉狹長圓狀楔形或幾乎為線形，寬不到 5 毫米	葉寬倒卵形、橢圓形、卵形，有時稍呈圓形。先端圓鈍，基部楔形，長 2～7 厘米，寬達 3 厘米	葉狹，先端鈍，植株被微乳頭狀突起
花期 6～7月	花期 7月	花期 6～7月

蒲公英

Taraxacum mongolicum
菊科蒲公英屬

花期 4～9月 / 果期 5～10月

> 飄似羽，逸如紗，秋來飛絮赴天涯。
> 獻身喜作醫人藥，無意芳名遍萬家。
> ——當代 左河水

植物學特徵　多年生草本植物。根圓錐狀，表面棕褐色，皺縮，葉邊緣有時具波狀齒或羽狀深裂，基部漸狹成葉柄，葉柄及主脈常帶紅紫色，花葶上部紫紅色，密被蛛絲狀白色長柔毛；頭狀花序，總苞鐘狀。瘦果暗褐色，長冠毛白色。

園林應用　廣泛生於中、低海拔地區的山坡草地、路邊、田野、河灘。生長速度快，一般公園造景、庭院美化都可見到。

百日菊

Zinnia elegans Jacq.
菊科百日菊屬

花語 洋紅色花代表持續的愛；混色花代表紀念一個不在的友人；緋紅色花代表恆久不變；白色花代表善良；黃色花代表每日的問候。

花期 6～9月 / 果期 7～10月

植物學特徵 一年生草本植物。莖直立，被糙毛或長硬毛。葉寬卵圓形或長圓狀橢圓形，基部稍心形抱莖，兩面粗糙，下面密生短糙毛，基出三脈。頭狀花序，單生枝端，無中空肥厚的花序梗，總苞寬鐘狀，有單瓣和重瓣、捲葉和皺葉、各種不同顏色的園藝品種。

園林應用 花大色豔，開花早，花期長，株型美觀，可按高矮分別用於花壇、花境、花帶。也常用於盆栽。

美人蕉

Canna indica L.
美人蕉科美人蕉屬

花語　堅實的未來，連招貴子，堅持到底。

花期 3～12月 ／ 果期 3～12月

> 紅蕉花樣炎方識，瘴水溪邊色最深。
> 葉滿叢深般似火，不唯燒眼更燒心。
> ——唐　李紳

植物學特徵　多年生草本植物。全株綠色無毛，被蠟質白粉。塊狀根莖。地上枝叢生。單葉互生。總狀花序，花單生或對生；萼片3片，綠白色，先端帶紅色；花冠大多紅色。

園林應用　花大色豔、色彩豐富，株型好，栽培容易。現在培育出了許多優良品種，觀賞價值很高，可盆栽，也可地栽，裝飾花壇。美人蕉不僅能美化人們的生活，而且能吸收二氧化硫、氯化氫、二氧化碳等有害物質，抗性較好，由於它的葉片易受害，反應敏感，所以被人們稱為有害氣體的活監測器。

千屈菜

Lythrum salicaria L.
千屈菜科千屈菜屬

花期 6～10月 / 果期 9～11月

植物學特徵　多年生草本。莖直立，多分枝，全株青綠色，枝通常具 4 稜。葉對生或三葉輪生，披針形或闊披針形。小花簇生，穗狀花序頂生，花瓣 6 枚，紅紫色或淡紫色。蒴果扁圓形。

園林應用　株叢整齊，聳立而清秀，花朵繁茂，花序長，花期長，是水景中優良的豎線條材料。最適合在淺水岸邊叢植或池中栽植，或用於沼澤園，也可作花境材料及切花、盆栽。

知識拓展　千屈菜為藥食兼用野生植物。其全草可入藥，嫩莖葉可作野菜食用，在中國民間已有悠久的應用歷史。《救荒本草》、《湖南藥物志》、《貴州民間藥物》、《中國藥植圖鑑》等許多古今文獻中均有其藥用或食用記載。古代，民間除了荒年，春季缺少蔬菜時人們也普遍食用，以補充維生素，免於疾病困擾。

蛇莓

Duchesnea indica (Andr.) Focke
薔薇科蛇莓屬

花期 3～4月 / 果期 8～10月

植物學特徵　多年生草本。根莖短，粗壯；匍匐莖多數，有柔毛。小葉片邊緣有鈍鋸齒；葉柄有柔毛。花單生於葉腋，花梗有柔毛，花瓣倒卵形，黃色，花托在果期膨大，海綿質，鮮紅色，有光澤。瘦果卵形。

園林應用　春季賞花，夏季觀果。植株低矮，枝葉茂密，具有春季返青早、耐陰、綠色期長等特點，是不可多得的優良地被植物。

知識拓展　蛇莓又名蛇泡草、龍吐珠、三爪風。據《本草綱目》記載：「俗言食之能殺人亦不然，止發冷涎耳。」《植物名實圖考》記載：「雖為莓，然第供鳥雀螻蟻耳。」說明蛇莓的果實平常盡量不食用，若少量食用，也不至於像人們傳說的那樣致死。

平枝栒子

Cotoneaster horizontalis Dcne.
薔薇科栒子屬

花期 5～6 月 / 果期 9～10 月

植物學特徵　半常綠匍匐灌木。小枝排成兩列，幼時被糙伏毛。葉片近圓形或寬橢圓形。花 1～2 朵頂生或腋生，近無梗，花瓣粉紅色，倒卵形，先端圓鈍。果近球形，鮮紅色。

園林應用　枝葉橫展，葉小而稠密，花密集枝頭，粉紅花朵在群綠中默默開放，粉花和綠葉相襯，分外絢麗。晚秋時葉片變紅，紅果纍纍，經冬不落，雪天觀賞，別有情趣，是佈置岩石園、庭院、綠地和牆沿、角隅的優良材料。

知識拓展　平枝栒子這個名稱出自《經濟植物手冊》。在《華北經濟植物志要》中記載為平枝灰栒子；在《秦嶺植物志》中記載為鋪地栒子；在《園林樹木學》中記載為平枝栒子。在四川等地叫栒刺木、岩楞子、山頭姑娘；在貴州等地叫被告惹；在陝南叫鋪地蜈蚣；在天水叫地蓬；在文縣叫牛肋巴；在平利叫鐵掃帚；在武都叫翹皮子等。

金銀花

Lonicera japonica Thunb.
忍冬科忍冬屬

花期 4～6月 / 果期 10～11月

> 金銀賺盡世人忙，花發金銀滿架香。
> 蜂蝶紛紛成隊過，始知物態也炎涼。
> ——清　蔡淳

植物學特徵　又名忍冬。多年生半常綠纏繞及匍匐莖的灌木。小枝細長，中空，藤為褐色至赤褐色。卵形葉對生，枝葉均密生柔毛和腺毛。夏季開花，花成對生於葉腋，花色初為白色，漸變為黃色，黃白相映。果實圓形，熟時藍黑色，有光澤。

園林應用　由於匍匐生長能力比攀緣生長能力強，故更適合在林下、林緣、建築物北側等處作地被栽培；還可以做綠化矮牆；亦可以利用其纏繞能力製作花廊、花架、花欄、花柱以及纏繞假山石等。

> 知識拓展

「天地氤氳夏日長，金銀二寶結鴛鴦。山盟不以風霜改，處處同心歲歲香。」所以又有「鴛鴦蛤」之稱。入冬老葉枯落，葉腋再簇生新葉，經冬不凋，所以有「忍冬」之雅號。

二月蘭

Orychophragmus violaceus (Linnaeus) O. E. Schulz
十字花科諸葛菜屬

花期 4～6月 / 果期 5～6月

植物學特徵　又叫諸葛菜，一年或二年生草本。莖淺綠色或帶紫色。花紫色、淺紅色或褪成白色；花萼筒狀，紫色。

園林應用　早春花開成片，花期長，適用於大面積地面覆蓋，或用作不需精細管理綠地的背景植物，為良好的園林陰處或林下地被植物，也可用作花境栽培裝飾住宅社區、高架橋下、山坡下或草地邊緣；既可獨立成片種植，也可與各種灌木混栽，形成春景特色。

知識拓展　季羨林的散文《二月蘭》寫道：二月蘭是一種常見的野花。花朵不大，紫白相間。花形和顏色都沒有什麼特異之處。如果只有一兩棵，在百花叢中，絕不會引起任何人的注意。但是它卻以多製勝，每到春天，和風一吹拂，便綻開了小花；最初只有一朵，兩朵，幾朵。但是一轉眼，在一夜間，就能變成百朵，千朵，萬朵。大有凌駕百花之上的勢頭了。

羽衣甘藍

Brassica oleracea var. *acephala* DC.
十字花科蕓薹屬

花期 4～6 月 / 果期 6 月

植物學特徵 二年生草本植物。基生葉片緊密互生，呈蓮座狀，葉片有光葉、皺葉、裂葉、波浪葉之分，葉脈和葉柄呈淺紫色，內部葉色彩極為豐富，有黃、白、粉紅、紅、玫瑰紅、紫紅、青灰、雜色等，葉片的觀賞期為 12 月至翌年 3、4 月。總狀花序，花淺黃色。果實為角果。

園林應用 具有獨特的葉色、姿態，適應性強、養護簡便，可作為北方晚秋、初冬季城市綠化的理想補充觀葉植物，還可家庭盆植於屋頂花園、陽臺、窗臺觀賞。

香石竹

Dianthus caryophyllus L.
石竹科石竹屬

花語　永恆的母愛。

花期 5～7月　/　果期 8～9月

植物學特徵　多年生草本。莖叢生，直立，基部木質化。葉片線狀披針形。花常單生於枝頂，2 或 3 朵，有香氣，粉紅、紫紅或白色；花梗短於花萼；花萼圓筒形，瓣片倒卵形，頂緣具不整齊齒。蒴果卵球形。

園林應用　香石竹又名康乃馨，為最重要的切花之一，是冬季重要切花，也常盆栽觀賞。可作為佈置花壇的材料。其花還可提取香精作為化妝品材料。

近似種辨識

香石竹	石竹
又名康乃馨，歐亞溫帶有分佈，中國廣泛栽培供觀賞	又名洛陽花、中國石竹，原產中國北方，現南北普遍生長
重瓣大花，花瓣瓣片為倒卵形，頂緣具不整齊齒	花朵單瓣的較多，花瓣瓣片為倒卵狀三角形，先端有鋸齒

石竹

Dianthus chinensis L.
石竹科石竹屬

花期 5～6月 / 果期 7～9月

> 春歸幽谷始成叢，地面芬敷淺淺紅。
> 車馬不臨誰見賞，可憐亦解度春風。
> ——宋 王安石

植物學特徵　多年生草本植物。葉片線狀披針形，全緣或有細小齒，中脈較顯。花單生枝頂或數花集成聚傘花序，花瓣瓣片為倒卵狀三角形，紫紅色、粉紅色、鮮紅色或白色，頂緣不整齊，齒裂，喉部有斑紋，花藥藍色。蒴果圓筒形。

園林應用　園林中可用於花壇、花境、花臺或盆栽，也可用於岩石園和草坪邊緣點綴。栽植簡易，管理粗放，每年應分株。大面積成片栽植時可作景觀地被材料。另外，石竹有吸收二氧化硫和氯氣的本領，凡有毒氣的地方可以多種，防止汙染。

婆婆納

Veronica didyma Tenore
玄參科婆婆納屬

花期 6～8月 / 果期 9～10月

植物學特徵　一至二年生草本植物。莖自基部分枝，下部匍匐地面。三角狀圓形或近圓形的葉子在莖下部對生，上部互生，邊緣有圓齒。花有藍、白、粉三種顏色，單生於葉腋。

園林應用　種植於岩石庭院和灌木花園，適合花壇地栽，可作邊緣綠化植物，可容器栽培，也可作切花生產。種植在園林建築或古跡等附近的斜坡上，既可護坡又可襯托景點；在園路兩旁、假山石作點綴，給予人親切的自然之美。

知識拓展　傳說從前有位叫「阿拉」的老伯，在春天，萬物甦醒時，因為暖陽，也因為指尖菸草嗆住了他，他開始想念他的老伴，因此他為身邊滿坡地毯似的花朵取名「婆婆納」。婆婆納背後的故事為人們帶來一絲感動，同時也有一絲憂傷。

索引

拉丁名索引

A

Acer mono / 175
Acer palmatum Thunb / 176
Acer rubrum L. / 174
Aesculus chinensis Bunge / 168
Aglaia odorata / 38
Ailanthus altissima (Mill.) Swingle / 158
Albizzia julibrissin Durazz. / 153
Amygdalus persica "Terutemomo" / 72
Amygdalus persica L. "Juhuatao" / 71
Amygdalus persica L. var. *persica* f. *duplex* Rehd. / 70
Anthurium andraeanum Linden / 92
Antirrhinum majus L. / 219
Ardisia crenata Sims / 136
Asparagus setaceus (Kunth) Jessop / 191
Asplenium nidus L. / 195

B

Berberis thunbergii "Atropurpurea" / 202
Bougainvillea glabra / 98
Brassica oleracea var. *acephala* DC. / 237
Broussonetia papyrifera / 126
Buxus megistophylla Levl. / 156
Buxus sempervirens Linn. / 155

C

Calathea makoyana E. Morr. / 207
Calathea orbifolia (Linden) H. A. Kenn. / 208
Calceolaria × *herbeohybrida* Voss / 95
Camellia japonica L. / 87
Campsis grandiflora (Thunb.) Schum. / 100
Canna indica L. / 230
Caryota maxima Blume ex Martias / 214
Catalpa bungei C. A. Mey. / 99
Catalpa ovata G. Don. / 137
Cattleya hybrida / 32
Cedrus deodara (Roxb.vex D. Don) G. Don / 185
Celtis sinensis Pers. / 134
Cerasus glandulosa (Thunb.) Lois. / 68
Cerasus yedoensis (Matsum.) Yu et Li / 69
Cercis chinensis / 12
Chaenomeles speciosa (Sweet) Nakai / 60
Chamaedorea elegans Mart. / 211
Chimonanthus praecox (Linn.) Link / 110
Codiaeum variegatum (L.) A. Juss / 146
Cornus walteri Wangerin / 127
Cotinus coggygria Scop. / 172
Cotoneaster horizontalis Dcne / 233
Crataegus pinnatifida Bge. / 118
Cydonia oblonga Mill. / 121
Cymbidium canaliculatum / 29

D

Dahlia pinnata Cav. / 28
Dianthus caryophyllus L. / 238
Dianthus chinensis L. / 239
Dicentra spectabilis(L.) Lem. / 96
Diospyros kaki Thunb. / 184
Dracaena reflexa var. *angustifolia* Baker / 189
Draceana arborea / 190
Duchesnea indica (Andr.) Focke / 232

E

Eucommia ulmoides Oliver / 106
Euonymus fortunei / 197
Euphorbia milii var. *splendens* / 10
Euphorbia pulcherrima Willd. ex Klotzsch / 147

F

Fagraea ceilanica Thunb. / 161
Fatsia japonica (Thunb.) Decne. et Planch. / 199
Ficus elastica / 181
Firmiana platanifolia (L. f.) Marsili / 198
Fontanesia philliraeoides var. *fortunei* (Carr.) Koehne / 114
Forsythia suspense / 54
Fraxinus chinensis Roxb / 116
Fuchsia hybrid / 39

G

Ginkgo biloba L. / 204
Gleditsia japonica Miq. / 105
Guzmania "EI Cope" / 20
Guzmania × *magnifica* / 21

H

Hedera nepalensis var. *sinensis* (Tobl.) Rehd. / 201
Heptapleurum heptaphyllam (L.) Y. F. Deng / 200
Hibiscus moscheutos Linn. / 225
Hibiscus rosa-sinensis / 27
Hibiscus syriacus Linn / 26
Hippeastrum rutilum / 88
Hosta plantaginea (Lam.) Aschers / 217
Hydrangea macrophylla (Thunb.) Ser. / 23

J

Jasminum nudiflorum Lindl. / 52
Juglans regia L. / 109
Juniperus chinensis "Aurea" / 142

K

Kerria japonica (L.) DC. / 77
Koelreuteria paniculata Laxm. / 130

L

Lagerstroemia indica L. / 59
Lagopsis supina (Stephan ex Willd.) Ikonn.-Gal. / 221
Lamium amplexicaule L. / 220
Ligustrum Lucidum Ait. / 166
Ligustrum quihoui Carr. / 111
Ligustrum sinense / 112
Lilium brownii var. *viridulum* Baker / 5
Liriodendron chinense (Hemsl.) Sarg. / 164
Livistona chinensis (Jacg.) R. Rr. / 213
Lonicera japonica Thunb. / 234
Lythrum salicaria L. / 231

M

Magnolia grandiflora L. / 162
Malus "Royalty" / 123
Malus halliana Koehne / 73
Malus micromalus Makino / 74
Melia azedarach / 36
Metasequoia glyptostroboides / 182
Michelia champaca L. / 51
Mirabilis jalapa L. / 97
Monstera deliciosa Liebm. / 194
Morus alba L. / 125

N

Nelumbo nucifera / 34
Nephrolepis cordifolia (Linnaeus) C. Presl / 183
Nopalxochia ackermannii Kunth / 93

O

Orychophragmus violaceus (Linnaeus) O. E. Schulz / 236
Osmanthus fragrans / 167
Oxalis corymbosa DC. / 222
Oxalis triangularis "Urpurea" / 223

P

Pachira macrocarpa / 165
Paeonia × suffruticosa / 44
Paeonia lactiflora Pall. / 43
Paphio pedilum / 33
Paulownia tomentosa / 58
Phalaenopsis amabilis / 30
Phoenix roebelenii O'Brien / 212
Photinia serratifolia (Desf.) Kalkman / 177
Pinus bungeana Zucc. ex Endl. / 187
Pistacia weinmannifolia / 171
Pittosporum tobira (Thunb.) Ait. / 154
Platanus acerifolia / 132
Platycladus orientalis (L.) Franco / 141
Podocarpus macrophyllus (Thunb.) Sweet / 160
Poncirus trifoliata (L.) Raf / 135
Primula malacoides Franch / 7
Primula vulgaris / 6
Prunus × blireana "Meiren" / 180
Prunus × cistena / 178
Prunus armeniaca / 82
Prunus cerasifera "Atropurpurea" / 179
Prunus mume Sieb. / 80
Prunus mume var. *pendula* / 81
Prunus triloba / 84
Pseudocydonia sinensis (Thouin) C. K. Schneid. / 122
Pseudolarix amabilis (J. Nelson) Rehd. / 186
Punica granatum L. / 128
Pyracantha fortuneana (Maxim.) Li / 117
Pyrus betulifolia Bunge. / 78
Pyrus spp. / 79

R

Radermachera sinica (Hance) Hemsl. / 209
Rhododendron hybrida Ker Gawl. / 17
Rhododendron simsii Planch. / 15
Rhus typhina L. / 170
Ribes odoratum Wendl / 24
Robinia pseudoacacia f. *decaisneana* (Carr.) Voss / 14
Rosa chinensis Jacq. / 62
Rosa roxburghii Tratt. / 120
Rosa rugosa Thunb. / 66
Rosa sp. / 64
Rosa xanthina Lindl. / 61
Russelia equisetiformis / 8

S

Sabina chinensis (L.) Ant. / 143
Sabina chinensis "Kaizuca" / 144
Salix babylonica L. / 203
Salvia splendens Ker-Gawler / 9
Sambucus williamsii / 85
Schlumbergera bridgesii (Lem.) Loefgr. / 94
Sedum aizoon L. / 227
Solanum mammosum L. / 124
Sophora japonica "Golden Stem" / 151
Sophora japonica "LiaoHong" / 11
Sophora japonica f. *oligophylla* / 150

Sorbaria sorbifolia (L.) A. Br. / 76
Spathiphyllum lanceifolium / 91
Spiraea cantoniensis Lour. / 75
Strelitzia reginae Aiton / 3
Styphnolobium japonicum (L.) Schott / 103
Stypholobium japoniam "Pendula" / 148
Syringa × *persica* L. / 57
Syringa oblata Lindl / 56

T

Taraxacum mongolicum / 228
Taxus wallichiana var. *chinensis* (Pilg.) Florin / 108
Thaumatophyllum bipinnatifidum / 192
Thaumatophyllum xanadu / 193
Tillandsia cyanea Linden ex K. Koch / 22
Toona sinensis (A. Juss.) Roem / 157
Trachycarpus fortune (Hook.) H. Wendl. / 210
Triadica sebifera (L.) Small / 145
Tulipa gesneriana L. / 218

U

Ulmus pumila "Jinye" / 206

V

Veronica didyma Tenore / 240
Viola philippica Cav. / 224
Viola tricolor L. / 25
Vitex negundo var. *heterophylla* / 41
Vriesea carinata / 18
Vriesea poelmanii / 19

W

Weigela florida (Bunge) A. DC. / 86
Wisteria sinensis (Sims) DC. / 152

Y

Yucca gloriosa L. / 90
Yulania × *soulangeana* / 48
Yulania denudata / 46
Yulania liliiflora / 50

Z

Zinnia elegans Jacq. / 229

盡芳菲
身邊的花草樹木圖鑑

Flowers and Trees
in Life

盡芳菲：身邊的花草樹木圖鑑

主　　　編：	趙燕，郭尚敬
發 行 人：	黃振庭
出 版 者：	沐燁文化事業有限公司
發 行 者：	崧燁文化事業有限公司
E - m a i l：	sonbookservice@gmail.com
粉 絲 頁：	https://www.facebook.com/sonbookss/
網　　　址：	https://sonbook.net/
地　　　址：	台北市中正區重慶南路一段61號8樓 8F., No.61, Sec. 1, Chongqing S. Rd., Zhongzheng Dist., Taipei City 100, Taiwan
電　　　話：	(02)2370-3310
傳　　　真：	(02)2388-1990
印　　　刷：	京峯數位服務有限公司
律師顧問：	廣華律師事務所 張珮琦律師

國家圖書館出版品預行編目資料

盡芳菲：身邊的花草樹木圖鑑 / 趙燕，郭尚敬 主編 . -- 第一版 . -- 臺北市：沐燁文化事業有限公司，2025.02
面；　公分
ISBN 978-626-7628-15-7(平裝)
1.CST: 植物學 2.CST: 植物圖鑑
370　　　　　　113020132

-版權聲明

本書版權為中國農業出版社授權沐燁文化事業有限公司獨家發行電子書及繁體書繁體字版。若有其他相關權利及授權需求請與本公司聯繫。

未經書面許可，不得複製、發行。

定　　　價：420 元
發行日期：2025 年 02 月第一版

電子書購買

爽讀 APP　　　臉書